漳卫南运河年鉴

（2015）

漳卫南运河管理局　编

中国水利水电出版社
www.waterpub.com.cn

内 容 提 要

《漳卫南运河年鉴》由水利部海委漳卫南运河管理局主办，是反映漳卫南运河水利事业发展、全面记录漳卫南局年度工作发展轨迹、为领导决策提供查考依据、为各部门工作提供信息查询的工具书。《漳卫南运河年鉴》每年编印一册，2015 年卷主要收录 2014 年的资料。

图书在版编目（CIP）数据

漳卫南运河年鉴. 2015 / 漳卫南运河管理局编. -- 北京 : 中国水利水电出版社, 2015.10
ISBN 978-7-5170-3850-4

Ⅰ. ①漳… Ⅱ. ①漳… Ⅲ. ①运河－天津市－2015－年鉴 Ⅳ. ①TV882.821-54

中国版本图书馆CIP数据核字(2015)第279134号

书　　名	**漳卫南运河年鉴（2015）**
作　　者	漳卫南运河管理局　编
出版发行	中国水利水电出版社 （北京市海淀区玉渊潭南路 1 号 D 座　100038） 网址：www. waterpub. com. cn E - mail：sales@waterpub. com. cn 电话：（010）68367658（发行部）
经　　售	北京科水图书销售中心（零售） 电话：（010）88383994、63202643、68545874 全国各地新华书店和相关出版物销售网点
排　　版	中国水利水电出版社微机排版中心
印　　刷	北京纪元彩艺印刷有限公司
规　　格	184mm×260mm　16 开本　12.25 印张　290 千字
版　　次	2015 年 10 月第 1 版　2015 年 10 月第 1 次印刷
印　　数	0001—1000 册
定　　价	**120.00** 元

《漳卫南运河年鉴》编纂委员会

《漳卫南运河年鉴》编辑部

主　　编：李学东
副 主 编：刘书兰
编　　辑：刘　峥　仇大鹏　王　丽　步连增

《漳卫南运河年鉴》特约编辑

刘培珍　漳卫南局计划处
任玉华　漳卫南局水政水资源处
位建华　漳卫南局财务处
任重琳　漳卫南局人事处（离退休职工管理处）
吕红花　漳卫南局建设与管理处
李增强　漳卫南局防汛抗旱办公室
谭林山　漳卫南局水资源保护处
李才德　漳卫南局监察（审计）处
王　颖　漳卫南局直属机关党委（工会）
吴晓楷　漳卫南局水文处
韩连欣　漳卫南局信息中心
齐笑明　漳卫南局综合事业处
荆荣彬　漳卫南局后勤服务中心
鲁广林　漳卫南运河卫河河务局
冯文涛　漳卫南运河邯郸河务局
张　君　漳卫南运河聊城河务局
谢金祥　漳卫南运河邢台衡水河务局
赵全洪　漳卫南运河德州河务局
齐　军　漳卫南运河沧州河务局
徐永彬　漳卫南运河岳城水库管理局
王丽苹　漳卫南运河四女寺枢纽工程管理局
王　静　漳卫南运河水闸管理局
黄风光　漳卫南运河管理局防汛机动抢险队
王海英　漳卫南局德州水利水电工程集团有限公司

编 辑 说 明

一、《漳卫南运河年鉴》由水利部海河水利委员会漳卫南运河管理局（以下简称漳卫南局）主办，是反映漳卫南运河水利事业发展、全面记录漳卫南局年度工作发展轨迹、为领导决策提供查考依据、为各部门工作提供信息查询的工具书。《漳卫南运河年鉴》每年编印一册，2015年卷主要收录2014年的资料。

二、本年鉴包括河系概况、要载·专论、年度综述、大事记、前期工作、工程管理、工程建设、水政水资源管理、防汛抗旱、水文工作、水资源保护、综合管理、局属各单位、附录等栏目。

三、栏目内容包含条目、文章和图表。标有方头括号（【】）者为条目名称。

四、本年鉴采用中华人民共和国法定计量单位，技术术语、专业名词、数字、符号力求符合规范要求或约定俗成。

五、本年鉴中机构名称首次出现时用全称，并加括号注明简称，再次出现时即用简称。

六、“大事记”中，同月同日发生的事件在同一年月日下分段记述；无法确定具体日期的事件，记录在事件发生月的最后，并在段前加“□”。

七、限于编辑水平，本年鉴编辑中存在的错误和疏漏不足之处，敬请指正。

《漳卫南运河年鉴》编辑部

2015年4月

目　录

河系概况

【河流水系】

漳卫南运河是海河流域南系骨干行洪排涝河道，由漳河、卫河、卫运河、南运河及漳卫新河组成，位于东经112°～118°、北纬35°～39°之间。西以太岳山为界，南临黄河、徒骇河、马颊河，北界滏阳河，东达渤海。以浊漳河南源为源，流经山西、河南、河北、山东、天津四省一直辖市，至天津市三岔河口，全长1050km，流域面积37584km²。

漳河上游有清漳河、浊漳河两条支流，于河北省涉县合漳村汇合为漳河干流，自观台入岳城水库。岳城水库以上漳河流域面积18100km²。漳河出岳城水库后进入平原，向东北至馆陶县徐万仓与卫河共同汇入卫运河。按照现行的流域规划，漳河为海河水系源头，漳河自浊漳河南源源头至漳、卫河汇流处徐万仓村全长460km，流域面积19537km²，占漳卫南运河流域总面积的51%。

卫河源于太行山南麓的山西省陵川县夺火乡南岭，于河北省馆陶县徐万仓与漳河汇流。卫河支流繁多，主要有大沙河、淇河、汤河、安阳河等。由于历史原因，黄河北徙使卫河两岸形成多处洼地，成为蓄滞洪区，如良相坡、柳围坡、长虹渠、白寺坡、小滩坡、任固坡等。从河南省新乡市合河镇始至漳卫河汇合口徐万仓为卫河干流，全长329km。流域面积15229km²，占漳卫南运河流域总面积的41%。

1958年，四女寺枢纽修建后，将漳河、卫河于馆陶县徐万仓村汇合后至四女寺枢纽河段称卫运河。卫运河上承漳河、卫河，下启南运河、漳卫新河，是漳卫南运河水系中游河段，冀、鲁两省的省界河道，河道全长157km。卫运河为复式断面，半地上河，河槽之深，在海河流域各河道中居于首位，滩地与河底的高差一般在7～10m之间，河槽宽在70～200m之间。

历史上的南运河南起山东临清。1958年，扩挖四女寺减河后，南运河上端改由四女寺南运河节制闸起，经山东省德州市德城区，河北省故城、景县、阜城、吴桥、东光、南皮、泊头市、沧县、沧州市区、青县，天津市静海县进入天津市市区，至三岔河口与北运河交汇入海河干流。南运河自四女寺枢纽至天津市静海县独流镇十一堡上改道闸段，为一级行洪河道，长309km，左堤长271.36km，右堤长273.1km；自十一里堡下改道闸至三岔河口段只作为排沥河道，不再承担防洪任务。

漳卫新河是在四女寺减河基础上人工开挖的一条分洪河道，起自德州市武城县四女寺枢纽，流经山东省德州市、宁津县、乐陵市、庆云县和河北省沧州市吴桥县、东光县、南皮县、盐山县、海兴县，于山东省滨州市无棣县大口河（古称大沽河）入海，全长257km（其中含岔河河道43.5km），流域面积3144km²。1972—1973年，对四女寺减河进行扩大治理期间，从四女寺至吴桥县大王铺（大致依循钩盘河故道）新辟一条岔河，于河北省吴桥县大王铺汇入四女寺减河。治理工程结束后，将四女寺减河、岔河及其汇流后的河段统称为漳卫新河。

【地形地貌】

流域西部（上游）地处太岳山东麓和太行山区，地面高程一般在1000m以上，为土质丘陵区和石质山区，中间点缀着长治盆地，东部及东北部（中下游）为广阔山前洪积、坡积、冲积平原。山区、丘陵区面积25436km²，占流域总面积的68%，平原面积

12148km²，占流域总面积的32%。西部山区与东部平原直接相接，山前丘陵过渡区很短。地形总趋势西高东低，地面坡度山区丘陵区为0.5‰～10‰，平原为0.1‰～0.3‰左右。平原内微地形复杂，中游分布着大小不等的几个洼地，成为河道的蓄滞洪区，下游沿海岸带为滨海冲积三角洲平原。

【气象水文】

漳卫南运河流域地处温带半干旱、半湿润季风气候区，降水地带性差异明显，且年内、年际分配极不均匀。雨季大多从6月中下旬开始至8月下旬结束，并集中于7月下旬8月上旬。根据《海河流域水资源公报》，1996—2005年，漳卫南运河流域年均地表水资源总量为42.32亿m³，平均地下水资源量为67.50亿m³，平均水资源量为94.04亿m³。

【水旱灾害】

历史上，漳卫南运河洪涝灾害频发，据文献资料，1607—1911年的305年中，漳河发生洪水约55次，平均5～6年一次；卫河发生大洪水约106次，平均3年一次；卫运河发生大洪水约60次，平均5年一次。新中国成立后，1956年、1963年、1996年漳卫南运河发生大洪水。1961年、1964年、1977年流域内出现大范围涝灾。

商汤时期，即有“汤有七年大旱”之说。其后，由商、周至春秋、战国和秦，史料中时有“大饥”“大旱”的记载，旱灾屡有发生，但所记情况均极简略。汉代至元代（公元前206—公元1367年），史料对旱灾的记载较多，但由于漳卫南运河历史变迁等原因，难以对流域旱灾做出统计。明清时期（1368—1911年）旱灾史料记载较连续，且记述详略程度大致具备可比性。明代平均百年2.9次，清代平均百年2.6次。民国时期（1912—1949年）发生大旱灾2次，分别是1920年和1942年。

新中国成立后至1995年前，漳卫南运河流域几乎年年有旱灾，有些河道甚至出现断流。典型干旱年有1965年、1978—1982年等。1996年洪水之后至2012年，未出现较大旱灾。

【水利建设】

新中国成立后，国家对漳卫南运河先后多次进行治理。1949—1956年期间，对南运河、漳河堤防进行整修、加高、培厚，兴建了升斗铺、甲马营分洪口门工程，开辟了长虹渠、白寺坡、小滩坡、大名泛区和恩县洼滞洪区，对卫运河、四女寺减河进行复堤和河道疏浚。1957年，水利部批准《海河流域规划（草案）》，确定“上蓄、中疏、下排、适当地滞”的治水方针。1957—1963年，在漳卫河上游先后兴建了漳泽、后湾、关河、岳城等多座大型水库、25座中型水库和300余座小型水库，并对卫运河、四女寺减河进行了扩大治理，兴建了四女寺枢纽。1963年海河流域大水后，1964—1984年，先后兴建了恩县洼滞洪区西郑庄分洪闸和牛角峪退洪闸；再次扩大治理卫运河、四女寺减河；改扩建了四女寺枢纽；新建了卫运河祝官屯枢纽和漳卫新河七里庄、袁桥、吴桥、王营盘、前罗寨、庆云、辛集等拦河蓄水闸；对卫河干流下段（浚内沟口至徐万仓）进行扩大治理，对卫河干流上段（西孟姜女河入卫口至老观嘴）进行清淤。1987—1995年，对岳城水库主坝、大副坝、1号小副坝、2号小副坝进行加高，并增建3号小副坝。先后实施了岳城水库大坝加高。1991—1995年，对岳城水库以下漳河进行了整治。经过治理，初步形成了由水库、河道和非工程措施组成的防洪体系，形成了“分流入海、分区防守”的格局。

1996年8月，漳卫南运河发生特大洪水。“96·8”洪水之后，漳卫南运河迎来了新的治理高潮。截至2012年年底，漳卫南运河水系内先后分四批完成了“96·8”洪水水毁修复，对西郑庄分洪闸进行了加固工程，对漳河岳城水库以下（京广铁路—徐万仓）全长103.3km河道进行了整治，对漳河穿漳涵洞水毁工程和漳河西冀庄险工进行了修复、整治，实施了岳城水库除险加固大副坝涌砂处理工程、漳卫新河（四女寺—辛集）治理工程，对岳城水库进行了除险加固，对漳河重点险工进行了整治。

【社会经济】

漳卫南运河流域是我国粮棉主要产区之一，煤炭、石油资源丰富，交通便捷。流域内粮食作物以小麦、玉米为主，经济作物以棉花、花生、芝麻、绿豆为主，工业有煤炭、石油、钢铁、发电、纺织、造纸以及各类加工企业等，京沪高铁与京广、京九、京沪、石德等铁路和京福、京开、濮鹤、大广、青银等高速公路及104、105、106、107、205、207、208等国道、省道及县乡公路构成了四通八达的交通体系。据2012年统计资料，漳卫南运河流域内涉及的行政区共有15个地级市、67个县（市、区），全流域总人口3395.37万人，地区生产总值9369.4亿元。

【历史文化】

漳卫南运河具有悠久的历史，漳河古称降水（绛水），亦称衡漳、衡水。战国时期成书的《禹贡》中即有关于漳河的记载。卫河原为黄河故道，因春秋属卫地而得名，汉代称白沟。历史上，卫河、卫运河、南运河是一条河，唐代称永济渠，宋代称御河，曾是隋唐大运河的一部分。北魏郦道元所著《水经注》中对漳水、卫水及其支流的也做了详细的记述。历史上大禹治水、西门豹治邺、曹操“遏淇水入白沟，以通粮道”、史起修建引漳十二渠、陈尧佐筑陈公堤等都发生在这里。历代水利著述中对漳卫南运河也多有记述，如《畿辅通志》中《九河故道考》、清崔述《御河水道记》《漳河水道记》、明李柳西《九河辩》、清崔乃翚《直隶五大河说》、清吴邦庆《畿辅水道管见》等阐述了河流的来历和变迁过程，明王大本《沧州导水记》、清吕游《开渠说》三篇、《漳滨筑堤论》、清李泽兰《西门渠说略》等名家著述和官吏奏疏，记述了大量历代有关水利的法律、规章、当年水害状况以及兴修河道堤防的详细情况。

漳卫南运河流域是中华民族发祥地之一。历史上，靠近漳卫南运河边的许多城镇，如魏晋南北朝时期的邺城，北宋时期的大名，明清时期的德州、临清、天津等，凭借水运的便利条件，逐渐发展成为重要的区域中心。流域内名胜古迹众多，旅游资源丰富。安阳市殷墟出土的甲骨文在我国古文化研究中颇有价值；汤阴县羑河畔的土城，据传是囚禁周文王的地方，是已知的我国最早的国家监狱所在地之一；淇县的战国军庠是我国第一所军事院校，相传孙膑、庞涓等就读于此；德州市的菲律宾苏禄王墓是中菲友谊的象征；沧州市的铁狮子享誉全国；“人造天河”——红旗渠坐落于河南省林县（现林州市），是水利建设史上的奇迹。

2014年6月22日，第38届世界遗产委员会会议同意将中国大运河列入《世界遗产名录》。

要载·专论

凝心聚力　攻坚克难　奋力开创漳卫南局水利事业新局面

——在漳卫南局2014年工作会议上的讲话（摘要）

张胜红

（2015年2月5日）

同志们：

这次会议的主要任务是：深入贯彻落实党的十八大、十八届三中、四中全会精神，按照2015年全国水利厅局长会议、海委工作会议部署，总结我局2014年工作，研究今后一个时期水利改革发展任务，部署2015年水利重点工作，凝心聚力、攻坚克难，奋力开创漳卫南运河水利事业新局面。

下面，我讲三点意见。

一、深入推进改革发展，2014年各项工作成效显著（略）

二、准确把握当前和今后一个时期的发展形势，进一步理清我局发展思路

党的十八大以来，党中央、国务院高度重视水利工作。习近平总书记在保障水安全的重要讲话中，提出了“节水优先、空间均衡、系统治理、两手发力”的新思路，深刻回答了我国水治理中的重大理论和现实问题，为我们做好新时期水利工作提供了强大思想武器和科学行动指南。李克强总理亲临水利部检查指导工作，并就水利工作发表重要讲话，对集中加快水利建设、用改革红利促进水利事业发展提出明确要求。为贯彻习近平总书记和李克强总理重要讲话精神，陈雷部长在2015年全国水利厅局长会议、任宪韶主任在2015年海委工作会议上，分别就水利部和海委今后一个时期的水利工作作出重大部署，提出了具体要求。我们要按照中央和上级的总体部署和要求，结合我局实际，深入推进“实现三大转变，建设五大支撑系统”工作思路，为海河流域水利保障体系建设提供强力支撑。

（一）进一步推进水资源立体调配工程建设

进一步完善“一纵七横”水资源立体调配工程规划，依托现有河、库、闸和倒虹吸工程，实现漳卫河水资源与客水资源的联合调配，全面提升我局的水资源优化配置和科学调度能力。充分发挥漳卫南局在流域水资源配置、调度和管理中的主导作用，促进对取水户和流域水资源开发利用的有效管控。

（二）进一步强化水资源监测和管理

以水源地保护为重点，加快岳城水库及漳河上游、骨干河道等重要水域控制断面自动监测站建设和移动实验室（监测车）等应急能力建设，建设漳卫南运河水资源保护和污染

事故预警信息平台。组织编制漳卫南运河最严格水资源管理制度实施方案，申请建立漳卫河水资源管理系统，强化取水许可管理，加强水资源监控能力建设，推进河系计划取用水管理。

（三）进一步提升洪水资源利用和生态监测评估水平

继续开展洪水资源利用基础研究，完善“漳卫南运河洪水资源利用预案”，加强与上级有关部门联系，争取生态修复、生态调度等项目研究的支持。以华北地下水超采区综合治理为契机，全力推进河系水生态文明建设，建立和完善漳卫河水生态评估体系，积极开展河系水生态修复试点。

（四）进一步加大规划与科技创新力度

加强顶层设计，高质量完成十三五水利发展规划报告编制工作，统筹谋划今后五年单位的发展方向。加强“231”人才和青年人才培养，举办科研院所专家授课、“231”人才讲堂、鼓励技术人员参加高层次学术交流等活动，整合各类科研力量，加快推进科技项目库建设。

（五）进一步提高综合管理保障能力

不断提升运用法治思维和法治方式深化我局水利改革发展的能力，提高依法治水管水水平。大力加强执法能力建设，建立并完善全河水行政执法责任体系，加强涉河建设项目管理和水事矛盾预防调处，保持水事秩序稳定。坚持以水资源开发利用为核心，加大土地资源经营力度，全面提高全局经济创收能力。加强全局统筹，强化预算执行管理，保障全局重点支出。全面贯彻落实《党政领导干部选拔任用工作条例》，加强领导班子和干部队伍建设，推进干部交流力度，加强年轻干部的培养，强化基层干部培训。全面强化党风廉政建设“两个责任”的落实，强化督察工作，加强对重点领域和关键环节的监督，建立健全领导干部行使权力的监督制约机制，加强案件查处工作力度。进一步深化内部运行体制机制改革，切实提高我局综合管理能力，为履行我局职责提供强有力的支撑。

三、扎实做好2015年工作，圆满完成“十二五”工作任务

2015年，我局将按照新时期治水思路，紧紧围绕“实现三大转变，建设五大支撑系统”中心工作，在水利部和海委党组的正确领导下，不断推动全局水利事业健康发展。

（一）全力开展卫运河治理重点工程建设

以“四个一流”为目标，严守“四制”规定，在强化建设管理，确保“四个安全”的前提下，加快施工进度，确保工程如期建成并发挥效益。抓住国家加快实施重大水利工程建设的良好机遇，加快推进卫河、漳河干流、漳卫新河河口治理前期工作，争取尽快完成四女寺北闸除险加固工程立项工作，全面提升流域工程体系保障能力。

（二）稳妥推进水管体制机制改革

完成水管体制机制改革，实现维修养护工作“责权明确、管养分离、运作规范、监管有效”。推行维修养护市场准入制，完成维修养护公司的整合和重组，建立现代企业制度，提升维修养护专业化能力。全面推行物业化管理模式，实现过程管理向目标管理转化，细化维修养护责任制。进一步界定维修养护公司、水管单位和二级局责权利，实现真正的管养分离，提高效率，规避风险。推进四女寺枢纽管理范围确权工作，力争2015年年底完

成全局河道及水利工程划界工作。

（三）确保防洪安全努力提高供水效益

立足于防大汛、抗大旱，优化调整局内部防汛组织结构，完善各项防洪预案，督促各单位协助地方政府落实防汛工作行政首长负责制，重点是县乡两级领导防汛包工程责任制。进一步完善河系水文监测站网能力建设，加强汛期值守和水文情报预报。夯实防汛基础工作，配合海委完成漳卫河洪水风险图编制，推动卫河防汛仓库建设，提高业务水平和应急反应能力。实施河系上下游水资源联合调配，加强水质水量联合调度，加强沿河各地市需水管理，充分发挥供水效益。

（四）全面提升水资源管理能力

组织编制漳卫南运河最严格水资源管理制度实施方案，申请建立漳卫河水资源管理系统，强化取水许可管理，加强水资源监控能力建设，推进河系计划取用水管理。落实《取水许可和水资源费征收管理条例》，加强岳城水库采煤和取水许可监督管理，全面调查取水口计量设施。编制完成水政水资源“十三五”专项规划，完善水资源监控能力建设方案。进一步完善“一纵七横”水资源立体调配工程规划，依托现有河、库、闸和倒虹吸工程，实现漳卫河水资源与客水资源的联合调配。完成漳卫南运河水资源管理系统数据采集、配合完成国家水资源监控系统建设、水资源管理课题项目储备等工作。

（五）全力提高水资源保护工作水平

强化入河排污总量监测，实现对局直管15个水功能区监测的全覆盖。加强水功能区监督管理，实施入河污染物总量通报，开展重要水功能区安全保障建设达标评估工作。完善岳城水库水源地自动监测系统和应急实验室建设，提升现场监测能力。扩展水生态监测项目和总体服务功能，全面启动水资源质量信息共享服务系统。

（六）以漳卫新河河口为重点加强水行政执法工作

强化漳卫新河河口三级局干部配备，实施沧州局、水闸局联合执法，建立与地方政府和有关部门的联合管理机制，创新河口管理。建立健全河道规划治导线制度，加快推进河道水域岸线登记和确权划界工作，依法划定河湖管理和保护范围。开展深化河湖专项执法检查和河道采砂专项整治活动，保障河道工程安全。强化涉河建设项目管理，加强重大项目监督管理，严格对高速公路、铁路等重大项目的河道防护进行设计审查和竣工验收，做好已批准河段性治理及生态建设性项目的监督管理。

（七）着力加强综合管理

贯彻落实水利部预算管理“三项机制”，扎实推进项目实施，全力抓好预算执行工作，为水利事业改革发展提供有力的资金保障。大力推进包括“两部制”水价、超定额加价在内的科学水价制度的落实，完成岳城水库调价申请方案。积极争取滩地有偿使用费和占用卫河河道工程补偿费政策，落实沧州河务局土地资源开发方案，扩大土地资源规模化开发的试点工作。进一步完善安全生产制度保障体系，深入推进预案管理和标准化建设工作。

（八）持续加强党的建设不断改善干部作风

深入学习习近平总书记系列重要讲话精神，进一步强化理论武装。坚持党要管党、从严治党，加强党组织特别是基层党组织建设，严明党的纪律，严肃党内生活，持之以恒加强作风建设。继续推动干部交流，强化基层干部培训，进一步加强干部队伍建设，强化日常监督和管理。进一步加强惩防体系建设和廉政风险防控工作，进一步加强反腐倡廉宣传教育和廉政文化建设，开展好警示教育、示范教育和岗位廉政教育。充分发挥审计预防功能，切实做好水利工程维修养护经费使用跟踪、延伸和专项审计。进一步巩固和扩大精神文明创建成果，推进省部级文明单位创建工作。加强共青团工作，扎实做好老干部和工青妇等工作。

同志们，水利改革与发展已进入新的时期，漳卫南运河水利事业发展即将迎来新的春天。让我们把思想和行动统一到上级的决策部署上来，为全面提高流域经济社会发展水利安全保障能力，为漳卫南局的发展和广大干部职工的进步做出新的贡献！

再有十几天就要过年了，我代表漳卫南局领导班子以及我本人，向奋斗在各个工作岗位的全局广大干部职工、向离退休老同志，致以新春的祝福，祝大家身体健康、工作顺利，羊年吉祥！

谢谢大家！

在漳卫南局党的群众路线教育实践活动总结大会上的讲话

张胜红

（2014 年 2 月 18 日）

同志们：

按照中央和上级的要求，从 7 月份开始，我局深入开展了党的群众路线教育实践活动。在海委党组和督导组的精心指导下，在全局广大党员干部的共同努力下，周密安排，认真组织，顺利完成了学习教育、听取意见，查摆问题、开展批评，整改落实、建章立制三个阶段的工作任务，达到了预期效果，取得了显著成效。今天，我们召开总结大会，旨在总结教育实践活动的做法、成效和经验，进一步建立健全长效机制，为推动漳卫南运河水利事业又好又快发展提供强大精神动力和组织保证。下面，我讲三个方面的问题：

一、教育实践活动开展以来的主要工作

在海委教育实践活动动员会后，我们按照上级党组织的统一安排，及时成立了由主要负责同志担任组长的活动领导小组，召开了动员大会，制定并印发了《实施方案》，向局属单位派驻了督导组。局党委始终把教育实践活动作为当前的首要政治任务来抓，各级党组织和广大党员自觉按照上级要求，以高度的责任感、饱满的热情、务实的态度、创新的精神，认真落实各项工作，确保了活动的有序开展。

（一）精心组织，认真抓好学习

一是完成好规定动作。局党委严格按照教育实践活动《实施方案》，把学习教育摆在重要位置。举办了党委中心组专题（扩大）学习班，观看了《新时期新形势下党的群众路

线》辅导讲座。组织干部职工广泛开展了以“践行群众路线，服务民生水利”为主题的专题讨论，领导干部紧密结合“四风”问题进行了交流发言。局党委中心组先后十五次开展集中学习，深入学习习近平总书记在河北省委常委班子专题民主生活会上的讲话等一系列重要讲话和文件。各级党组织按照局党委的统一部署，认真开展研读推荐书目、观看录像视频、专题研讨交流、联学联查联改等多种形式的学习活动，各党支部也在党员自学的基础上分别组织了集中学习，每人撰写了不少于5000字的学习心得体会，广大党员干部的思想认识普遍提高，宗旨意识和群众观念明显增强。二是组织好自选学习动作。组织局机关干部职工赴青县公民道德建设展馆参观学习，集中组织观看了《周恩来的四个昼夜》电影，丰富了活动形式，推进了群众路线教育实践活动的开展。

（二）广开渠道，虚心听取意见

局党委围绕落实为民务实清廉要求和中央八项规定精神，采取群众提、自己找、上级点、互相帮多种形式，深入查摆、认真梳理了领导机关、领导班子和领导干部“四风”方面的突出问题。先后召开了直属单位主要负责人、机关部门主要负责人、机关科级及青年干部代表和局机关离退休老同志代表等4个不同层面人员参加的座谈会面对面征求了意见；党委领导班子成员分别建立了联系点，深入基层调查研究、虚心倾听基层群众和服务对象的反映和诉求，点对点征求了意见；通过寄发征求意见函36份、发放调查问卷260份以及督导组个别谈话、设立征求意见箱、开展网上专题等方式背对背征求意见。共征求到意见和建议125条，经梳理归纳为9大类、45小项，其中“四风”方面的问题7条，为开展批评自我批评、做好整改工作奠定了坚实基础。

（三）开诚布公，普遍开展谈心

本着“惩前毖后，治病救人”的方针，从团结的愿望出发，以高度负责的态度，局党委成员相互之间、党委成员与分管部门负责同志之间，普遍开展了两轮谈心活动，还与分管部门的处级和科级干部分别谈了心，各级领导班子成员也都按照活动的要求与干部职工开展了诚挚、深入的谈心活动，确保各级党委和班子成员都能够把问题谈透、把思想谈通、把意见谈好，仅局党委7名班子成员就开展谈心93人次，为整改落实意见达成共识。通过敞开心扉、坦诚相见的谈心活动，一方面征求到了自己在“四风”方面存在问题的意见和建议，另一方面达到了交流思想、增进团结、促进工作的目的。

（四）直面问题，深刻剖析自身

针对查摆出来的突出问题，局党委和党委成员从“三观”上深挖思想根源，从理想信念、宗旨意识、党性修养、纪律观念等方面剖析深层次原因，先后5次召开局党委会，讨论审议领导班子对照检查材料，16次进行修改完善。领导班子对照检查查摆问题11个，主要表现为精神“缺钙”，理论学习学用结合不够；公仆意识和群众感情淡化，接“地气”不够；肯于吃苦的奉献精神有所懈怠，艰苦奋斗和勤俭节约的意识不够强。领导班子成员按照衡量尺子严、查摆问题准、原因分析深、整改措施实的要求，根据海委督导组的反馈意见、征求到的意见和《教育实践活动边查边改任务分解》等，认真撰写了个人对照检查材料，共查摆问题54个。不仅是党员领导干部，所有党员同志，都能紧密联系思想、工作和生活实际，直面问题，剖析思想根源，认真撰写了对照检查材料，提出了具体措施，明确了整改落实的方向。

（五）实事求是，真诚相互批评

本着实事求是的态度，局党委召开了以“坚持为民务实清廉，认真解决四风问题，为推进漳卫南运河水利事业发展提供坚强作风保障”为主题的专题民主生活会。在班子民主生活会上，各成员敞开思想，畅所欲言，认真剖析了自己的不足，自我批评敢于揭短亮丑、正视问题。成员之间，相互批评能够推心置腹、真诚帮助，互相提出了42条中肯的批评建议，使专题民主生活会开的既热烈又真诚，达到了互帮和团结的效果。班子专题民主生活会后，又召开了支部组织生活会和党员民主生活会，局机关召开专题组织生活会6个，局属单位召开专题组织生活会53个，使每个党员都有机会进行批评和自我批评。广大党员干部先后在专题民主生活会、支部组织生活会和党员民主生活会上，以严肃认真的态度，动真碰硬，取得了“红脸出汗、加油鼓劲”的效果，达到了共同提高的目的。

（六）联系实际，积极整改落实

整改落实阶段是整个活动的关键阶段，做好这一阶段工作，对于解决难点问题、落实为民务实、取得活动成效具有重要的现实意义。局党委把研究制定“两方案一计划”作为整改落实阶段的关键环节，并给予了高度重视。一是在调查研究和对照检查的基础上，对制约漳卫南运河水利工作科学发展的6个方面、43小项问题进行了认真分析和梳理，提出了整改落实方案。明确立行立改任务9项、近期整改任务13项、长期整改任务38项，并逐项明确了牵头的分管局领导、责任单位和完成时限等。二是为着力解决群众反映强烈的“四风”问题，按照《党政机关厉行节约反对浪费条例》的要求，制定了专项整治方案。明确了3个方面、14小项的专项整治重点任务，落实了工作责任，提出了具体要求。三是加强规章制度的废、改、立工作。在系统梳理全局制度的基础上，及时废止了不适应新形势发展需要的制度35项，完善修订了现有制度21项，2014年6月份前制定出台新制度11项。“两方案一计划”形成后，按要求及时公布印发，接受了群众监督。局直属单位和机关部门也根据实际分别制定了整治方案和制度计划，以及党员领导干部个人整改措施，为整改任务的落实奠定了坚实基础。

二、确保教育实践活动质量的几点做法

党的群众路线教育实践活动是加强作风转变，推进单位科学发展的一项基础性工程，持续时间长，标准要求高，对如何提高活动质量提出了细致的要求。我局立足单位实际，严格落实上级要求，采取多种形式和有效措施，确保了活动稳步推进。

（一）领导重视是关键

党员领导干部是本次教育实践活动的重点，领导干部在活动中态度怎么样、作用发挥如何，直接决定着活动开展的成效和水平。在教育实践活动开展过程中，局领导高度重视，一是在活动的每个阶段多次召开专题会议研究活动的载体和内容，主要领导亲自抓工作计划、剖析材料和整改方案的起草，亲自抓问题的整改和为职工群众办实事项目的落实，发挥了“第一责任人”的作用。二是带头学习提高，局领导自觉以普通党员的身份参加教育实践活动，既参加所在支部的学习，又注重抓好党委中心组的理论学习，并严格落实撰写学习笔记和心得体会的任务，做到了先学一步，多学一点，学深一些。三是带头分

析查摆问题，勇于批评与自我批评，领导干部能够放下架子、俯下身子、抛开面子，与职工群众坐在一起，交换真心、听取意见。批评与自我批评能够站在平等的位置上，敢于动真碰硬，有正气、有底气、有锐气。

（二）组织机构是保障

为了加强对教育时间活动的组织领导，局党委首先成立了教育实践活动领导小组。在此基础上，抽调精干力量，组建了教育实践活动办公室，组成了强有力的工作机构，从而健全了教育活动的组织领导。其次向基层单位派驻了两个督导组，加强对局属各单位教育实践活动的督促把关。领导小组对教育实践活动高度重视，精心组织，周密安排，坚持做到程序不减，过程不漏；局督导组及时掌握每个环节活动的开展情况，加强督促指导，确保了活动的顺利进行。

（三）群众参与是基础

本次教育实践活动走的就是群众路线，是群众意愿的集中体现，解决的也是群众反映强烈的“四风”问题，所以局党委一直坚持深入群众、听取民意，开门纳谏、人人参与。一是确保职工群众的知情权。教育实践活动做到全过程公开，在漳卫南运河网上设立专题版块，刊载了中央精神、重要部署、活动动态等6方面内容，先后印发简报10期，刊登信息报道36篇，并通过电子屏幕、宣传栏等形式充分保障了职工群众对活动安排和进展的知情权，使职工群众能够“看得见”“摸得着”。二是确保职工群众的参与权。通过组织干部职工参与有关会议、通过领导干部深入基层调研、发放调查问卷和意见函、召开不同层次代表的座谈会、开展谈心等，使职工群众充分发表自己的意见和建议，确保活动覆盖面达到了100%。三是确保职工群众的监督权。局党委坚持把自觉接受群众监督贯穿教育实践活动全过程，在活动开始，就组织对副处级以上领导干部进行了民主评议，每个部门的职工都参与到本部门领导的评议中来。在整改落实、建章立制阶段，分不同时期制定了整改任务，并以文件的形式在全局系统内印发，自觉请群众参与，让群众监督，由群众评判。

（四）讲究实效是根本

活动中，局党委对每一个环节都抓紧抓实，毫不含糊、毫不放松，达不到要求决不转入下一环节。实施过程，环环相扣，一步一个脚印，每一步骤每一环节，局督导组都严格把关。查摆问题阶段，对照检查材料不符合要求的退回完善甚至重写，并提出了具体要求，纠正了偏差；对于整改方案的制定，要求各单位各部门逐条明确责任人、整改办法和整改期限，方案不到位的进行了重新制定。立行立改任务要求坚决落到实处，通过下督办单等方式进行了督促落实，目前，青年职工队伍建设问题、机关家属院宿舍楼办理房产证、土地证问题、职工食堂管理问题和制定工程管理数据库管理办法问题等已经在落实和解决中，局党委下决心、加大力度对突出问题进行整改，坚决防止教育实践活动过程中的形式主义，走过场。

三、进一步巩固和扩大教育实践活动成果

党的群众路线教育实践活动既是当前一项重大的政治任务，也是一项常抓不懈的长期工作。目前，虽然全局的教育实践活动即将结束，活动取得了预期的效果，但也存在着一

些不足之处。如：有的单位学习还不够深入，有些整改措施还不够具体，制度建设还有薄弱环节等。此外，我们在教育实践活动中虽然解决了一些问题，但同时也发现了一些新的问题，巩固和提高活动成果的任务还任重道远。所以，我们要站在新的起点上，巩固成果，再接再厉，努力探索教育实践活动长效机制，不断推进漳卫南运河水利事业健康发展。

（一）切实抓好整改方案和整改措施的落实

整改方案和整改措施不能只停留在文件中和口头上，要切实落实到实际行动中，要让职工群众看得见成效、感受到变化。一是要高度重视，明确责任。局领导班子成员在自觉整改自身存在问题的同时，要认真抓好分管单位和部门的整改落实工作。各单位党委要对本单位整改落实工作负总责，主要负责人要亲自抓。牵头单位和配合单位要根据职责分工，切实抓好自己的相关工作。二是要按时保质保量完成。各单位各部门要根据工作实际，按照整改期限逐条逐项落实，要细化工作内容，明确目标责任，加强监督管理，整改结果要保证职工群众满意。届时，局党委要统一进行成果验收。

（二）努力构建教育实践活动长效化开展机制

各单位要认真总结在学习实践活动中的经验和不足，实事求是，有针对性地探索建立符合本单位实际的教育实践活动长效机制。一是要树立终身学习的观念，坚持用教育实践活动的核心思想武装干部头脑，通过建立和完善中心组学习、干部培训、党员轮训、党员自学等长效化学习机制，把教育实践活动精髓融入到党员干部的日常工作之中，增强党员干部作风建设的自觉性和坚定性。二是坚持联系和服务群众机制。坚持以职工群众满意为导向，创新联系和服务职工群众的方式；坚持深入基层开展调查研究，使局党委的决策更加贴近基层实际、更加符合职工群众的意愿，取得服务群众、改善民生的实际成效。三是要加强监督考核机制。为巩固教育实践活动成果，要加强和细化党员干部政绩考核评价机制，将教育实践活动中的要求纳入到考评中，督促党员干部“四风”问题的解决和作风转变。

（三）以活动为契机加快推进漳卫南运河水利事业发展

在落实整改任务过程中，要紧密结合新形势、新任务、新要求和漳卫南运河水利事业发展中出现的新情况、新问题，实事求是地不断完善整改落实方案和措施。要按照水利部党组新时期治水思路和海委“4＋1”工作布局，将教育实践活动与贯彻落实十八届三中全会和习近平总书记系列讲话精神紧密结合起来，与全面深化水利改革的各项工作紧密结合起来，与我局实现“三大转变”、建设“五大支撑系统”工作思路紧密结合起来，与科学谋划明年和今后一个时期水利工作紧密结合起来，努力以作风建设的新成效，更好地为沿河经济社会的发展服务。

践行党的群众路线教育实践活动精神，是一项“永不谢幕”的任务。我们一定要继续按照中央的统一部署和上级的总体要求，始终不渝地继续抓好党员领导干部作风建设，并且适时进行“回头看”，以教育实践活动的新成果，不断推进漳卫南运河水利事业的新发展。

加强漳卫南运河综合管理 积极推动水生态文明建设

张胜红

（2014 年 3 月 22 日）

2014 年，我国纪念“世界水日”和“中国水周”活动的宣传主题是“加强河湖管理，建设水生态文明”。水是生命之源、生产之要、生态之基，水生态系统是人类赖以生存和发展的重要载体和物质基础。水生态文明是生态文明的核心组成部分，加快水生态文明建设是建设美丽中国的重要基础。党的十八大把水利放在生态文明建设的突出位置，充分体现了党中央、国务院对水利工作的高度重视。

漳卫南运河流域水资源匮乏，是我国水资源严重短缺的地区之一，供需矛盾突出，而且绝大部分河道受到不同程度的污染，水质较差，河流生态系统遭到破坏。近几年，水质虽有所改善，但总体还处于较差水平，水生态环境容量有限。水生态文明建设，是漳卫南运河一项长期而艰巨的任务，是今后一定时期内我们工作的奋斗目标和工作重点。当前，我们要着力做好以下重点工作。

一、加快观念转变

海委党组根据水利发展新形势，提出了“六个转变”，即由供水管理向需水管理转变；由控制洪水向洪水管理转变；由防洪保重点向全面保护转变；由灾害洪水向资源洪水转变；由水生态局部治理向水生态全面保护与修复转变；由行业管理向社会管理和公共服务转变。这“六个转变”具有很强的思想性、指导性和可操作性。我们要按照水利部、海委的部署和要求，结合我局实际，以实现“三大转变”，推进“五大支撑系统”建设为切入点，加快观念转变，解放思想，统一意志，扎实推进我局各项水利改革步伐。

二、积极宣传、全面推进“五大支撑系统”建设

为认真贯彻落实党的十八大、十八届三中全会精神，加快全局科学发展步伐，按照新时期水利部党组和海委党组治水思路，我局制定了《漳卫南局“实现三大转变，建设五大支撑系统”实施方案》，当前要加强《实施方案》宣传工作，使广大干部职工深入了解、领会《实施方案》，全面推进“五大支撑系统”建设。

——积极推进水资源立体调配工程建设。立足于本河系的雨洪资源，兼顾黄河水、引江水等外调水的资源配置，依托漳卫南运河搭建“一纵七横”的水资源立体调配工程格局。积极争取岳城水库与南水北调中线工程联网，开展李家岸引黄干渠平交漳卫新河引黄输水线路研究，加强卫河、漳河涉河引水工程管理，强化外调水和流域水的合理配置和科学调度。整合现有河系连通工程，实现漳卫南运河水资源与外调水互联互通互补，提升流域水资源的综合管理水平。

——狠抓水资源监测管理系统建设。以实行最严格水资源管理制度为抓手，积极推动形成河系水资源管理“三条红线”指标体系和监控评价体系，建立水资源开发利用监测预警机制。开展漳卫南局水资源管理办法、取水许可监督管理办法制定前期工作。以国家水资源监控系统（一期）、岳城水库及漳河上游自动监测系统、辛集水文巡测设施设备项目建设的实施为契机，加强水资源监测能力和包括引水口门在内的水文站网体系建设，着力提高水资源监控能力。严格实施取水许可，加强对重点取水口的监督管理。

——探索建立洪水资源利用及生态调度系统。开展岳城水库汛限水位动态控制研究，加强枢纽水闸联合调度，争取多蓄水、蓄好水。积极利用雨洪资源，将洪水资源化课题研究成果、生态文明调度理念纳入洪水调度之中，发挥水资源最大效益。积极探索河系水生态文明建设模式，通过跨流域调水、上下游生态补水、提高突发性水污染预测预警能力、开展河流健康评估等措施，不断改善水生态环境，保障河系城乡供水和生态环境安全。

——认真做好规划与科技创新工作。启动编制十三五发展规划，大力提高科技支撑能力，以漳卫南运河自然规律、关键技术、经济生态等重大问题为研究重点，强化与社会科研力量协作，健全内部科技人才培养和评价机制，整合科技资源，加快科技成果转化，完善科技创新奖励机制，建立河系水利科技资源数据分级分类共享服务体系，加强与外界科技合作交流，稳步提高技术水平。

——改革提高综合管理保障能力。坚持正确用人导向，强化人力资源管理；加强廉政风险防控管理，制定出台贯彻落实《建立健全惩治和预防腐败体系2013—2017年工作规划》实施方案；严格预算管理，压缩三公经费和行政运行经费；深化内部运行体制机制，改革理顺事企产权关系；通过各项措施切实提高综合管理能力，为履行我局职责提供强有力的支撑。

三、严格水资源管理

贯彻落实水资源管理各项制度，做好《漳卫南局水资源管理工作发展纲要（2013—2020年）与近期工作计划》确定的近期工作。严格实施取水许可，加强引水口门、重点用水单位的监督管理和水量监测监督，推进大型取水口门水位自动测报系统试点建设，加强计划用水管理和过程管理，并开展重点取水口取水复核工作。以水功能区为单元全面加强监督管理，配合做好水功能区达标率和污染物限制排污总量双控制工作。配合开展省界缓冲区和省界监测断面确界立碑工作。加大省界缓冲区及其他重要水功能区水质监测力度，拓展适应主要污染物入河排污总量控制需要的入河排污（口）监督性监测覆盖面，提升应对突发水污染事件的应急监测能力。加强饮用水水源地的保护工作，预防水源地突发污染事件的发生，保障饮用水源地水质安全。配合做好岳城水库水源地达标建设检查和评估工作。加强河道生物治污等关键技术研究攻关，完成“高效固化微生物综合治理河道污水技术的示范与推广项目”建设工作，维护河流健康生命。

四、加强河道综合管理，推进河流生态文明建设

河湖是水资源的载体，是水生态文明建设的核心内容。结合漳卫南运河实际，我们要大力加强河道综合管理，积极推进水生态文明建设。强化全河水生态监测手段，对目前水

生态状况有一个全面的了解，为她的美好前景做好生态保护与修复规划。重视水文化建设，将水工程管理、水文化节点与河道生态景观建设有机结合起来，提升工程管理和景观建设层次。着力发挥河流在生态环境中的支撑作用和生态经济中的带动作用，科学开发利用漳卫南运河水利风景资源。狠抓违章建筑、河道设障、堆放垃圾和环境整治工作。加强涉河建设项目监督管理，做好水土保持工作，严禁擅自搭建临时设施或停（堆）放物料、弃渣等。加强河道采砂管理工作，严禁非法采砂。继续推动“湿润漳河”工作，改善漳河生态环境。充分利用岳城水库弃水冲污，净化河道。水资源管理与保护支队要切实履行漳卫南局水资源保护、水文管理方面的执法职责。继续深化河湖管理执法专项活动，突出重点，严格执法，维护河道管理正常秩序。要与沿河各省市县加强协作配合，共同促进全河系水生态环境的保护与修复，大力推进水生态文明建设。

五、加强水法宣传和执法，促进依法治水

我局要以纪念“世界水日”“中国水周”活动为契机，深入宣传贯彻党的十八大、十八届三中全会精神，全面落实全国水利厅局长会议工作部署和海委工作会议精神，结合漳卫南局实际，坚持围绕中心，服务大局，通过各种形式，广泛开展普法活动，积极对《宪法》《水法》《水土保持法》《防洪法》《取水许可和水资源费征收管理条例》《关于实行最严格水资源管理制度的意见》等法律法规进行宣传。要大力推进依法治水，加大水行政执法力度，加强自身建设，严格执法，规范执法行为，提高执法效能，维护法律法规的权威性和严肃性，保障正常的水行政管理秩序，加强河道综合管理，严格管理、节约、保护水资源，积极推动漳卫南运河水生态文明建设。

在漳卫南局党委中心组（扩大）贯彻习近平总书记讲话学习班上的讲话

张胜红

（2014 年 11 月 4 日）

同志们：

我局自 2013 年 7 月开始，开展了党的群众路线教育实践活动。截至目前，活动已基本结束并取得丰硕成果。党中央对此次教育实践活动高度重视，习近平总书记亲力亲为，全程参与。2014 年 10 月 8 日，中央召开党的群众路线教育实践活动总结大会，习近平总书记发表了重要讲话，对党的群众路线教育实践活动进行了全面总结，对巩固和拓展教育实践活动成果、加强党的作风建设、全面推进从严治党进行了部署。水利部、海委党组相继召开中心组（扩大）学习班进行专题学习。今天，我们举办党委中心组（扩大）学习班，主要目的是贯彻落实上级有关要求和精神，对继续深化作风建设，全面落实从严治党各项工作任务，做好教育实践活动后续工作进行部署。

一、深入学习，准确把握习近平总书记重要讲话的精神实质

习近平总书记在党的群众路线教育实践活动总结大会上的重要讲话，充分肯定了党的群众路线教育实践活动取得的五个方面的重大成果，深刻总结了教育实践活动六个方面的成功经验，从八个方面对新形势下坚持从严治党做出全面部署、提出明确要求，具有很强的指导性。当前，要把学习贯彻习近平总书记重要讲话精神作为一项重要的政治任务来抓。

一是学习领会教育实践活动重大成果，持续深入改进作风。自活动开展以来，我局周密安排，认真组织，顺利完成了三个阶段的工作任务，达到了预期效果。期间，共征集到9大类、43小项意见和建议，均提出了整改落实方案。目前，除长期任务外，都已整改到位。注重制度建设，及时废止和修订了56项制度，出台11项新制度。教育实践活动虽已告一段落，但作风建设要弛而不息。我局各位党员同志特别是领导干部要继续转变作风，主动推进漳卫南局实现三大转变、建设五大支撑系统的工作部署，积极贯彻并认真落实漳卫南局推动的工作思路和各项工作。要以饱满的干劲和务实的态度，做好各项基础性工作，发扬河北省财政专员办“数砖”精神，把勤政务实的精神落实到各项工作中去。

二是学习领会从严治党新要求，提升敢于担当意识。经过这次活动，当前全党改进作风有了一个良好开端，但取得的成果还是初步的，基础还不稳固。作风有所好转，“四风”问题有所收敛，但“四风”问题依然树倒根存，仍有反弹回潮的危险。从我局情况看，仍然存在着部分干部思想观念跟不上改革发展的步伐、开拓创新意识不足，担当意识较弱的问题。要根据习近平总书记从严治党八个方面的新要求，提升敢于担当的意识，当一个积极的改革者，良好风气的推动者，时时处处以单位大局为重。要继续充分调动全局广大职工群众的积极性，继续畅通渠道、敞开大门，让群众提意见、来监督、作评判。

三是学习领会教育实践活动的精神，持续做好结合工作。要以这次教育实践活动取得的新成果作为新起点，一心一意谋发展，建立我局风清气正的事业发展环境。要以精神为指引，找好突破点，在水资源管理体制改革、水利工程建设与运行管理体制改革和水价改革等方面理清改革思路、研究出具体可行的改革措施。要以精神为指引，找好着力点。充分发挥班子成员和中层干部的智库作用，准确把握当前面临的形势和任务，明确单位发展大思路，研究制定单位的长期发展规划。要以精神为指引，抓好牢固点。充分发挥好制度的刚性作用，制定和完善各项制度，用制度约束工作行为，用制度作为工作的支撑和保障，适时修改完善相关制度，形成规范工作行为的制度体系。

二、从严从实，以扎实有效的党建工作保障我局水利事业健康发展

一是切实加强学习，坚定理想信念。按照创建学习型党组织和学习型机关的标准，领导班子发挥示范表率作用，增强学习的自觉性和长效性，坚持思想政治理论和业务知识学习两手抓。要加强世界观的改造，端正人生观，树立正确的价值观、政绩观与权力观。要坚持学以致用，深入思考关乎单位长远发展的深层次问题，推动工作再上新水平。要继续加强学习制度建设，增加学习频次，增加经济、法律、管理等方面的学习内容，拓宽广度和深度。

二是从严落实责任，夯实政治自觉。要认真落实党建工作责任制，党委主要负责同志要履行好从严治党的第一责任人职责，领导班子成员要肩负起分管领域从严治党的责任。要严格党建工作考核，把履行管党治党主体责任、党建工作成效作为领导班子和领导干部考核的重要内容。

三是严肃党内生活，加强党性锻炼。党内政治生活是党组织教育管理党员和党员进行党性锻炼的主要平台，有什么样的党内政治生活，就有什么样的党员、干部作风。要按照党内政治生活准则和党的各项规定办事，各支部书记、委员要增强角色意识和政治担当，使党内政治生活常态化、制度化。在本支部党内政治生活中要坚持和发扬实事求是、理论联系实际、密切联系群众、开展批评与自我批评、坚持民主集中制等党的优良传统。要切实加强对党的各项规章制度的学习，不断提高党务工作的能力和水平，规范民主生活会制度，完善“三会一课”等组织生活制度。

四是从严管理干部，夯实作风自觉。要严格管理，统筹抓好人才队伍建设。加强领导班子和干部队伍建设，抓好专业技术人才、经营人才队伍建设，加大干部竞争性选拔和挂职、交流力度，优化领导班子结构，为五大支撑系统建设提供有力的人才支撑。在作风方面，领导干部要加强自我约束，按照“三严三实”要求，深学、细照、笃行焦裕禄精神，努力做焦裕禄式的好干部。

五是从严执纪监督，严明党的纪律。要严格落实党委主体责任和纪委监督责任，严明党的纪律，全面推进我局惩治和预防腐败体系建设，做到干部清正、机关清廉；要抓常抓细抓长，紧紧抓住中秋、元旦、春节等重要节点，严格执纪监督问责，对违反八项规定精神的问题一律严肃查处，确保每个节日都风清气正；要抓早抓小抓预防，做好警示教育，让党员干部树立底线思维和红线意识，对问题保持清醒的认识和警惕。要严肃工作纪律，发现问题及时督促整改，切实按照纪律和规矩办事。

三、善始善终，高标准严要求做好教育实践活动后续工作

教育实践活动虽然在形式上有所收尾，但是巩固扩大成果还有许多工作要做。我们要继续以踏石留印、抓铁有痕的韧劲，高标准严要求做好教育实践活动后续工作。

一是传达学习好习近平总书记重要讲话精神。各单位党委要带着强烈的责任感和使命感，对习近平总书记的重要讲话精神及时进行学习传达和贯彻落实。要坚持理论与实践的统一，坚持与推动工作相结合，稳步推动局党委制定的重大战略部署落到实处，不打折扣。

二是兑现落实好长期整改任务。教育实践活动中，各党委、各支部分类提出了立行立改、近期整改和长期整改任务，从报送的总结情况看，立行立改和近期整改任务都已全部完成，各项长期整改任务也取得阶段性成果，但落实打折扣、标准不高、节点不清等情况仍不同程度存在。各单位要坚持活动收尾不收场，自觉克服过关思想和松懈情绪，对已整改到位但仍需长期坚持的任务要形成制度做到常抓不懈；对需要继续深化整改的任务要进一步明确整改落实责任主体、时限要求、措施办法，进一步强化挂牌督办、公示通报、办结销号、绩效问责等制度，确保整改到位，真正做到取信于职工群众。

三是贯彻执行好已出台的制度。坚决执行中央、部委党组和局党委出台的各项制度规

定，不折不扣地贯彻落实好中央八项规定和《党政机关厉行节约反对浪费条例》等制度，以铁的纪律抓好制度贯彻执行，确保出台一个执行落实好一个，推动各项制度措施落地生根。真正做到用制度管权、管事、管人，把权力关进制度的笼子。

同志们，作风建设没有终点，党的建设永远在路上。让我们始终保持从严从实的工作要求，始终保持敬终如始的工作态度，一心一意谋发展，聚精会神抓党建，为加快推进我局水利事业改革发展而努力奋斗！

谢谢大家！

年度综述

2014年漳卫南局水利发展综述

（2014年12月31日）

2014年，漳卫南局认真贯彻落实党的十八大、十八届三中、四中全会精神和习近平总书记系列重要讲话精神，积极践行可持续发展治水思路，深入贯彻落实海委"4＋1"工作部署，大力发展民生水利，围绕《漳卫南局"实现三大转变，建设五大支撑系统"实施方案》，深入推进各项改革，充分激发广大干部职工的积极性和主动性，圆满完成了全年各项工作任务。

一、水资源立体调配工作获较大突破

加强顶层设计，编制完成漳卫南运河水资源立体调配工程系统方案和规划，确立"一纵七横"的水资源立体调配布局（"一纵"即整个漳卫南河系，"七横"依次为南水北调中线、濮阳引黄线路、南水北调东线、聊城位山引黄输水线路、德州潘庄引黄输水线路、德州李家岸引黄输水线路、滨州引黄输水线路）。着力构建漳卫南运河水资源、黄河水和南水北调水的互联互通互补的跨流域水资源配置工程格局，打通岳城水库与南水北调中线的渠道联系，为中线充水实验调水4700万m^3；濮阳引黄线路可研已通过水利部审查，李家岸引黄线路前期工作进展顺利。

二、防汛抗旱工作扎实有效

《漳卫河洪水调度方案》获国家防总批复，增加洪水资源利用内容，岳城水库过渡期限制水位由141m提高到145m。制定《漳卫南局防汛应急响应工作规程》，编制完成《岳城水库大坝安全管理应急预案》，初步完成岳城水库主汛期水位动态控制研究。岳城水库向邯郸、安阳两市供水3.1亿m^3，引黄入冀调水约7亿m^3，沿河地方农业引水1.6亿m^3。

三、工程建设与管理工作稳步推进

卫河干流治理、四女寺枢纽北进洪闸除险加固工程前期工作进展顺利，牛角峪退水闸和祝官屯枢纽节制闸除险加固工程顺利完工并投入使用。建管局管理人员实现专职化，卫运河治理工程2014年建设任务进展顺利。制定漳卫南局深化水管体制改革实施意见，并试行堤防日常维修养护物业化管理新模式。采取专项检查、抽查、飞检等多种措施，加大维修养护工作检查和工程管理考核力度。确权划界实施步伐加快，重点推进四女寺局德城区土地确权工作。岳城水库运行管理获得水利部工程运行管理督察组好评，清河、夏津、东光局分别通过国家级和海委示范单位复核。

四、水资源管理和保护工作成绩突出

制定出台《漳卫南局水资源管理工作发展纲要（2013—2020年）与近期工作计划》，

在卫河开展水资源调查及重点取水口取水量复核试点工作，确定漳卫南运河范围重点取水口监控名录。积极协调、有效处置漳卫新河南皮段非法倾倒化工废弃物和南运河德州段水污染隐患事件。制定水资源保护巡查、报告、监督、考核制度，提高水资源保护工作制度化、常态化和规范化水平。完成岳城水库水源地简易分析室建设，与邯郸、安阳两市建立水质监测数据共享机制。制定水文管理办法和水文站网规划，完成辛集水文巡测设施设备和漳卫南运河水文数据库一期建设。

五、水行政执法水平不断提升

全力加强德商高速卫运河大桥、京港澳高速公路改扩建工程等涉河建设项目的管理，对石济高铁岔河、减河防护工程探索开展代建制。加强执法能力建设，组织实施水行政执法系统开发。开展深化河湖专项执法检查活动，推动清除河道树障 9600 余亩。积极预防和调处水事纠纷，协调处理无棣、海兴河口码头建设等项目。制定《漳卫南局河道禁止采砂实施方案》，对漳河无堤段砂场进行了排查清理。

六、科技创新和经济发展工作迈上新台阶

完善科技创新奖励机制，制定漳卫南局科技创新系统建设实施方案和技术创新及推广应用优秀成果评审办法，组织开展漳卫南局第一届科学技术进步奖评审工作。在四女寺闸下南运河 600m 长河段，实施“高效固化微生物综合治理河道污水技术的示范与推广”项目。由漳卫南局主持完成的“喷微灌技术的推广应用”获得海委科技进步三等奖。

集团公司与抢险队实现人员和财产的完全分离。拦河闸供水价格政策获得国家发改委批复，供农业用水价格和供非农业用水价格调整分别比原价格翻了一番。开展河道供水成本核算工作，在沧州河务局进行土地资源集合开发利用试点。

七、党的建设和队伍建设取得新成效

以领导班子建设带动党建工作，调整充实了局属各单位领导班子，战斗力、凝聚力进一步提升。细化党建工作目标管理指标，进一步加强党的基层组织建设。全面实行干部任期制，加大干部纵向、横向交流，继续推行了干部挂职锻炼制度。严格落实党风廉政建设责任，制定了《领导干部落实“一岗双责”的实施办法》和《建立健全惩治和预防腐败体系 2013—2017 年工作规划》实施方案，层层签订党风廉政建设责任书和承诺书。强化对重点领域和关键环节的执纪监督，开展了落实防汛职责、工程维修养护工作情况等专项督察。按照“三项机制”要求，加强预算管理和超前储备。以预算执行动态监控为手段，确保了水利财政资金运行安全。进一步加大了对外宣传力度，开展了“走进基层水管单位”宣传活动。全面落实安全责任，认真做好隐患排查和专项整治工作，建立了安全生产台账。开展了丰富多彩的群众性文体活动，局机关积极开展了水利部精神文明单位申报工作。此外，保密、信访、离退休老干部、共青团妇、工会、后勤保障等工作也取得优异成绩。

大　事　记

1月

1月5—6日　海委主任任宪韶在办公室、工会负责人陪同下，先后深入祝官屯枢纽管理所和武城河务局走访慰问基层干部职工，并亲切看望了困难职工，向他们致以节日的问候，为他们送去慰问金和慰问品。漳卫南局局长张胜红、党委书记张永明陪同走访慰问。

1月7日　漳卫南局印发《漳卫南局“实现三大转变建设五大支撑系统”实施方案》。

1月9日　水利部水资源司司长陈明忠到岳城水库就水资源保护与管理等工作进行调研，漳卫南局局长张胜红陪同调研。

1月10日　漳卫南局召开水资源管理工作座谈会，副局长李瑞江出席会议并讲话。

1月13日　8时，穿卫枢纽闸关闭，漳卫南局2013—2014年度引黄入冀位山线路应急调水工作顺利结束。本次调水自2013年11月7日8时穿卫枢纽提闸送水开始，至2014年1月13日8时穿卫枢纽关闸结束输水，穿卫枢纽过水总量共计1.959亿m^3。

1月14日　漳卫南局表彰2013年度先进单位、先进集体，授予水闸管理局、岳城水库管理局、邢台衡水河务局、四女寺枢纽工程管理局、水文处“漳卫南局2013年度先进单位”荣誉称号，授予办公室、监察（审计）处、水保处“漳卫南局2013年度先进集体”荣誉称号。

1月16日　漳卫南局机关及直属事业单位妇女委员会成立。

1月21日　漳卫南局通报2013年度工程管理考核情况并表彰2013年度工程管理先进单位，授予水闸管理局、岳城水库管理局、沧州河务局“2013年度工程管理先进单位”荣誉称号。

1月22日　漳卫南局召开2014年工作会议，贯彻落实党的十八届三中全会、全国水利厅局长会议和海委工作会议精神，总结2013年各项工作，进一步明确漳卫南局水利改革发展的重点和方向，安排部署2014年重点工作。局长张胜红作题为《锐意改革，扎实工作，推动漳卫南局水利事业再上新台阶》的工作报告，党委书记张永明作会议总结，副局长张克忠传达海委2014年工作会议精神，副局长李瑞江、张永顺分别通报2013年度目标管理、工程管理考核情况。会议表彰了2013年度目标管理、工程管理先进单位、先进集体，局属各单位负责人就各单位2013年工作情况和2014年工作打算进行了交流发言。总工徐林波，副巡视员李捷出席会议。局机关、各直属事业单位副处级以上干部，局属各单位党政主要负责人参加会议。

1月23日　漳卫南局通报表彰2013年度优秀公文、宣传信息工作先进单位、先进个人。《漳卫南局关于新建铁路山西中南部铁路通道卫河特大桥项目防护工程有关情况的报告》（漳政资〔2013〕7号）、《卫河河务局党委关于2013年党风廉政建设和反腐败工作的实施意见》（卫党〔2013〕19号）、《聊城局关于开展清理规范规章制度的通知》（聊办〔2013〕44号）被评为2013年度优秀公文；邯郸河务局、四女寺枢纽工程管理局、水闸管理局被评为2013年宣传信息工作先进单位；郭恒茂、任重琳、贾健、王颖、鲁广林、冯文涛、张君、谢金祥、李燕、侯亚男、上官利、王海燕被评为2013年宣传信息工作先进个人。

1月26日　漳卫南局印发《漳卫南局水资源管理工作发展纲要（2013—2020年）与近期工作计划》。

2月

2月11日　漳卫南局表彰2013年度优秀机关工作人员。张启彬、杨丹山、张军、王孟月、戴永祥、刘群2013年度考核确定为优秀等次，予以嘉奖。姜行俭、李靖、杨丽萍、王丽、刘培珍、任重琳2011—2013年连续三年考核被确定为优秀等次，记三等功一次。耿建国、张华、魏强、饶先进、赵铁群、张同信、张玉东、倪文战、梁存喜、张朝温2013年度考核确定为优秀等次，予以嘉奖。刘长功、李勇2011—2013年连续三年考核被确定为优秀等次，记三等功一次。

2月18日　漳卫南局召开党的群众路线教育实践活动总结会议，对教育实践活动进行全面总结，部署建立健全教育实践活动长效机制工作。海委教育实践活动督导组组长于耀军出席会议并做点评讲话，漳卫南局局党委副书记、局长、教育实践活动领导小组组长张胜红对教育实践活动进行总结，局党委书记、副局长、教育实践活动领导小组副组长张永明主持会议，海委教育实践活动督导组副组长娄秀龙及督导组成员，局领导张克忠、李瑞江、徐林波、张永顺，副巡视员李捷出席会议。局直属各单位党政主要负责人、机关全体党员、局督导组全体成员参加会议。

2月25日　漳卫南局印发《漳卫南局保密工作管理规定》和《漳卫南局印章管理规定》。

□　德州市委市政府在《关于表彰奖励2013年度全市推动科学发展建设幸福德州综合考评先进单位和先进个人的决定》中，授予德州河务局德州市中心城区建设先进单位荣誉称号。

□　卫河河务局被濮阳市综合考评委员会评为综合考评二等奖，并受到濮阳市委、市政府表彰。

3月

3月18日　中共漳卫南局党委印发《2014年党风廉政建设和反腐败工作的实施意见》《2014年党风廉政建设考核指标体系》。

3月28日　漳卫南局办公室印发2014年目标管理指标体系。

3月29日—4月1日　水利部督察组到岳城水库督察运行管理工作，漳卫南局副局长张永顺陪同督查。

□　岳城水库管理局被河北省精神文明建设委员会办公室、河北省志愿服务指导委员会办公室联合授予“河北省志愿服务工作先进单位”称号，成为邯郸市农口系统唯一获此殊荣的单位。

□　第二十二届“世界水日”、第二十七届“中国水周”期间，局机关及局属各单位围绕“加强河湖管理，建设水生态文明”的宣传主题，组织开展了多种形式的纪念宣传活动。

□　沧州河务局2013年驻海兴县北二村工作组被评为沧州市优秀驻村工作组，工作组组长刘铁民被评为河北省优秀驻村工作队员。

4月

4月1日　山东省政协副主席郭爱玲到四女寺枢纽调研。德州市政协主席袁秀和，德州市委常委、武城县委书记张传忠陪同调研。

漳卫南局印发《漳卫南局机关公务接待管理办法》《漳卫南局机关会议管理办法》。

4月2日　海委在山东德州主持召开漳卫南运河管理局基层单位水电暖及配套设施改建工程竣工验收会议。海委副主任户作亮，漳卫南局局长张胜红、副局长李瑞江出席会议。验收委员会成员一致认为：该工程已按照批准的建设内容全部完成，工程质量合格，投资控制合理，工程档案资料齐全，同意通过竣工验收。

4月16—18日　漳卫南局举办近年新招录人员培训班，局长张胜红出席开班仪式并讲话，总工徐林波作专题讲座。来自局属各单位、机关各部门的50余名近年来新招录人员参加培训。

4月17日　局领导张胜红、张永顺赴辛集闸就安全生产工作进行检查指导。

4月18日　水利部建设管理与质量安全中心主任段红东到四女寺枢纽调研。漳卫南局领导张胜红、徐林波陪同调研。

4月25日　漳卫南局举办“高效固化微生物综合治理河道污水技术示范推广”技术培训班，标志着漳卫南局正式启动高效固化微生物综合治理河道污水技术示范推广项目。海河流域水资源保护局副局长、项目特邀专家林超现场进行指导。局水保处、水文处、四女寺枢纽工程管理局，北京邦源公司、天津碧波公司、武城弘泽公司有关人员参加培训。

5月

5月8日　海委在漳卫南局主持召开水政执法监督业务经费定额编制测算工作座谈会，漳卫南局局长张胜红出席会议并致辞。水利部财务司有关人员，海委水政定额编制组成员、各直属管理局水政水资源处负责人，漳卫南局有关部门及局属有关单位测算人员参加会议。

5月12日　漳卫南局召开深化河湖专项执法工作会议，安排部署2014年深化河湖专项执法工作，副局长李瑞江出席会议并讲话。机关有关部门、有关事业单位负责人，局属各河务局、管理局分管水政水资源工作负责人及水政水资源科科长参加会议。

海河流域水资源保护局相关负责人率检查组对岳城水库水源地安全保障达标建设工作进行检查。河北省、河南省水利厅、环保厅相关人员参加检查，漳卫南局水保处、岳城水库管理局负责人陪同检查。

5月12—14日　海委副主任、海河工会主席李福生在海委监察（审计）处、直属机关党委（海河工会）负责人陪同下到漳卫南局就党的群众路线教育实践活动、党风廉政建设及和谐基层建设等工作进行调研。局领导张胜红、张永明、李瑞江分别陪同调研。

5月13日　海委副主任户作亮到临西河务局、聊城河务局、四女寺枢纽工程管理局和防汛机动抢险队就基础设施建设工作进行调研。漳卫南局局长张胜红陪同调研。

5 月 21 日　德州市纪委派驻七组对漳卫南局党风廉政建设工作进行督导检查。党委书记张永明陪同检查。

山东省海河流域水利管理局局长唐传义率队到漳卫南局调研。局领导张胜红、张永明、徐林波出席座谈会。

5 月 21—22 日　漳卫南局在岳城水库组织开展突发性水污染事件应急监测演练。

水利部安监司副司长钱宜伟带领专家组对海委系统 2013 年度安全生产监督管理工作进行考评。水闸管理局作为海委基层单位的唯一代表参加考评。漳卫南局副局长张永顺陪同考评。

5 月 26—28 日　山东省民政厅副厅长王建东带领省防指第四防汛综合检查组检查漳卫南局防汛备汛工作。

5 月 27 日　漳卫南局调整 2014 年防汛抗旱组织机构。

漳卫南局成立“高效固化微生物综合治理河道污水技术的示范与推广”项目领导小组和“高效固化微生物综合治理河道污水技术的示范与推广”项目组。

5 月 28 日　“高效固化微生物综合治理河道污水技术的示范与推广”项目领导小组工作会在漳卫南局召开，水利部科技推广中心有关专家到会指导，局长张胜红主持会议并讲话。会议听取了项目进展情况汇报，与会专家到项目现场进行了检查指导，并对项目实施提出了指导性意见。中科院微生物研究所，天津市水利科学研究院，海委及漳卫南局相关部门（单位）负责人参加会议。

河北省副省长张杰辉检查指导岳城水库防汛工作。河北省水利厅厅长苏银增、邯郸市市长回建、漳卫南局副局长李瑞江陪同检查。

6 月

6 月 3—6 日　局领导张胜红、张永顺先后赴卫河河务局、岳城水库管理局、邯郸河务局和聊城河务局就汛期安全生产工作进行专项检查。

6 月 5 日　山东省委常委、常务副省长孙伟一行检查指导漳卫南局防汛工作。山东省政府副秘书长高旭光，山东省水利厅厅长王艺华，山东省海河流域水利管理局局长唐传义，德州市委副书记、市长杨宜新，漳卫南局副局长张克忠陪同检查。

6 月 10 日　副局长靳怀堾到四女寺枢纽工程管理局调研。

由水利部、环保部、农业部有关部门负责人组成的国家最严格水资源管理制度检查组到岳城水库，对岳城水库饮用水水源地保护工作进行检查。海委水保局有关负责人陪同检查。

6 月 13 日　漳卫南局举办党委中心组（扩大）学习《党政领导干部选拔任用工作条例》（简称《干部任用条例》）专题培训班。局长张胜红主持开班仪式并讲话，党委书记张永明就《干部任用条例》的学习贯彻提出要求，局领导张克忠、靳怀堾、李瑞江、徐林波、张永顺，副巡视员李捷参加学习。副总工，局机关各部门负责人，局直属单位党政主要负责人、分管人事工作负责人、人事科长参加学习。

6 月 20 日　海委副主任王文生率队对卫河、漳河等重点区域河湖执法专项活动开展情况进行检查。副局长李瑞江陪同检查。

6 月 24—25 日　河北省委副书记赵勇检查指导漳卫河防汛工作。河北省委农工部部长刘大群、河北省委副秘书长赵士锋、河北省防办主任罗少军，邯郸市市委书记高宏志、市委副书记张瑞书等陪同检查。

6 月 26 日　副局长李瑞江到漳卫新河河口就界桩埋设、监控运行等情况进行调研指导。总工徐林波对辛集闸交通桥进行安全检查。

7 月

7 月 1 日　漳卫南局召开纪念建党 93 周年党课教育暨“七一”表彰大会。副局长靳怀堾作党课专题讲座，局领导张克忠、李瑞江、徐林波、张永顺出席会议并颁奖。6 个优秀基层党组织、33 名优秀共产党员和 6 名优秀党务工作者受到表彰。局机关及直属事业单位全体党员，四女寺枢纽工程管理局、水闸管理局、防汛机动抢险队党员代表，离退休老党员代表 100 余人参加会议。

7 月 2—3 日　海委副主任翟学军率领海委建管处、防办有关人员检查漳卫新河防汛工作。山东省海河局局长唐传义，漳卫南局副局长李瑞江，滨州市、无棣县政府有关领导，沧州河务局、水闸管理局负责人分别陪同检查。

7 月 3 日　岳城水库防汛指挥部工作会议在岳城水库召开。岳城水库防汛指挥部指挥长、邯郸市委副书记、市长回建对岳城水库防汛工作作出指示，岳城水库防汛指挥部第一副指挥长、安阳市委常委、政法委书记郭法杰出席会议，漳卫南局局长张胜红出席会议并讲话。岳城水库防汛指挥部全体成员，漳卫南局防办、水文处负责人等参加会议。

7 月 4 日　漳卫南局在山东省无棣县主持召开辛集闸交通桥加固方案专家咨询会，对辛集闸交通桥工程安全隐患问题进行会诊，研究制定维修加固方案。总工徐林波、副局长张永顺出席会议。局闸桥管理总站、水闸管理局、山东省交通规划设计院、山东省公路桥梁检测中心、沧州交通勘测设计院、德州市公路勘查设计院等单位的专家和代表参加会议。

7 月 8—9 日　副局长靳怀堾率南运河、漳卫新河（含四女寺枢纽）河系组检查南运河、漳卫新河防汛工作，总工徐林波率漳河河系组检查漳河防汛工作。

7 月 8—10 日　副局长李瑞江带领卫河河系组检查卫河防汛工作。

7 月 8 日　中共漳卫南局党委印发《漳卫南局督察工作暂行办法》。

7 月 9—11 日　副局长张永顺率卫运河河系组检查卫运河防汛工作。

7 月 15 日　海委党的群众路线教育实践活动整改落实巡回督导组到漳卫南局检查整改落实工作，副局长靳怀堾陪同检查。

7 月 15—17 日　海委在德州主持召开牛角峪退水闸除险加固工程、祝官屯枢纽节制闸除险加固工程档案验收会，副局长张永顺出席会议。由海委、淮委、德州市档案局、德州市水利局等单位专家组成的档案专项验收组查看了工程现场，检查了工程档案管理情况，听取了建管局档案管理情况与自检情况汇报及监理单位工程档案审核情况报告，对档案进行了抽查，并就有关问题进行了质询。验收组按照档案验收标准进行了逐项赋分和综合评议，牛角峪退水闸除险加固工程、祝官屯枢纽节制闸除险加固工程档案分别得分 94.3 分和 94.1 分，均达到优良等级，顺利通过验收。

7月17日　局党委书记张永明率岳城水库防汛组检查指导岳城水库防汛工作。

7月21日　漳卫南局对沧州河务局、海兴河务局和沧盛公司在维修养护工作中不严格履行职责行为进行通报。

7月23日　黄委河南黄河河务局局长牛玉国、副局长李建培率队到漳卫南局就水管体制改革、维修养护工作情况进行调研。漳卫南局局长张胜红、副局长张永顺陪同调研。

7月28日　卫河抗洪抢险演练在浚县共产主义渠刘庄闸上游淇河、卫河、共渠交汇处举办。由浚县河务局、刘庄闸管理所及地方有关部门（单位）组成的10支防汛抢险突击队共230余人参加演练。鹤壁市市长范修芳现场观摩。

7月30日　漳卫南局举办“我谈改革”演讲比赛。局领导张胜红、张克忠、靳怀堾、李瑞江、徐林波、张永顺，副巡视员李捷观摩比赛并为获奖选手和单位颁奖。

7月31日—8月1日　海委主任任宪韶率办公室、财务处、人事处、建管处负责人到漳卫南局调研，先后与局直属事业单位、驻德单位负责人和局领导班子成员进行座谈，面对面交流思想、了解情况、听取意见建议、探讨解决问题的途径和办法。漳卫南局领导张胜红、张永明、张克忠、靳怀堾、李瑞江、徐林波、张永顺，副巡视员李捷陪同调研。

□　漳卫南局职工王荣海荣获2013年度天津市五一劳动奖章。

8月

8月1日　河北省副省长沈小平检查指导漳卫新河防汛工作。沧州市政府、沧州河务局负责人陪同检查。

8月8日　山东省文物局纪检组长陈钟到四女寺枢纽调研大运河文物保护工作。德州市副市长康志民陪同调研。

8月11日　漳卫南局召开干部大会，宣布领导干部职务任免决定：张克忠任水利部海河水利委员会巡视员。海委党组副书记、副主任王文生出席会议并讲话，漳卫南局领导张胜红、张永明、靳怀堾、李瑞江、徐林波、张永顺，副巡视员李捷出席会议。

8月12日　漳卫南局印发《关于确定重点取水口监控名录的通知》，确定岳城水库民有渠等34处取水口为重点监督取水口，以此建立重点监控名录。

8月14日　漳卫南局党委印发《关于加强廉政文化建设的实施意见》。

8月21日　副局长靳怀堾赴沧州河务局调研。

8月22—23日　漳卫南局举办防汛抢险技术培训班，总工徐林波出席开班仪式并讲话。局属各单位防汛负责人及业务骨干，局防办，水保、水文处负责人等60余人参加培训。

8月26日　副局长靳怀堾到四女寺枢纽工程管理局就确权划界工作进行调研。

8月25日　漳卫南局职工赵宏儒被授予“全国对口支援西藏先进个人”荣誉称号，受到中共中央政治局常委、全国政协主席俞正声，中共中央政治局常委、国务院副总理张高丽的亲切接见。

□　卫运河治理工程建设管理工作全面启动。

9月

9月1日　国家发展和改革委员会（以下简称国家发改委）印发《关于调整部分中央

直属水利工程供水价格及有关事项的通知》(发改价格〔2014〕2006 号),决定自 2015 年 1 月 1 日起,漳卫南局所属拦河闸供农业用水价格调整为 0.04 元/m³,供非农业用水价格调整为 0.08 元/m³。

9 月 16 日　漳卫南局批复德州水利水电工程集团有限公司内设机构及人员控制数方案。

9 月 18—19 日　黄委建管局巡视员杨明云率队到漳卫南局就水利工程建设管理、“三项制度”实施及项目过程、验收管理等工作进行调研。漳卫南局副局长张永顺陪同调研。

9 月 24—25 日　副局长李瑞江到基层有关单位就深化河湖专项执法工作进行检查。

10 月

10 月 14—17 日　局长张胜红带领漳卫南局深化水管体制改革领导小组成员赴淮委沂沭泗管理局、黄委河南省河务局调研深化水管体制改革情况。

10 月 16 日　副局长靳怀堾赴沧州河务局调研。

漳卫南局召开《漳卫南运河年鉴》编纂工作会,总结《漳卫南运河年鉴(2014)》编纂工作,审阅《漳卫南运河年鉴(2015)》大纲,并邀请《海河年鉴》副主编李红有就年鉴编纂中常见问题进行讲座。《漳卫南运河年鉴》编辑部成员、特约编辑 20 余人参加会议。

10 月 17 日　中共漳卫南局党委印发《关于进一步落实党风廉政建设主体责任的意见》。

10 月 17—18 日　水利部水资源司司长陈明忠率队到漳卫南局调研。局领导张胜红、张永明、李瑞江陪同调研。

10 月 20 日　8 时,位山引黄闸开闸放水,22 日 9 时 30 分黄河水顺利通过穿卫枢纽工程,2014—2015 年度引黄济冀输水工作正式开始。

10 月 23 日　漳卫南局召开水利工程划界确权工作座谈会。副局长靳怀堾出席会议并讲话。会议传达了《水利部关于开展河湖管理范围和水利工程管理与保护范围划定工作的通知》(水建管〔2014〕285 号)、《水利部办公厅关于开展河湖及水利工程划界确权情况调查工作的通知》(办建管〔2014〕186 号)、《海委关于开展直管河湖管理范围和水利工程管理与保护范围划定工作的通知》(海建管〔2014〕24 号),讨论通过了《漳卫南局划界确权工作意见》,并对划界确权工作前一阶段工作进行了交流总结。局建管处,局属有关单位分管负责人和业务骨干参加会议。

10 月 23 日、29 日　漳卫南局分别在河北省衡水市和东光县组织召开落实拦河闸新水价座谈会。副局长李瑞江出席会议并讲话,衡水市副市长任民出席会议。与会代表就执行新水价、实行计划供水以及漳卫南运河水资源统一调配等相关问题达成共识,并形成了会议纪要。

10 月 24 日　漳卫南局召开“高效固化微生物综合治理河道污水技术的示范和推广”项目中期技术咨询会议,总工徐林波主持会议。与会专家在检查了项目试验现场、听取了项目组中期成果和室内试验成果汇报后认为:项目基本按照《实施方案》和《任务书》的要求组织实施,任务安排合理,进度符合要求,保证措施有力,结论真实可靠。海委科外处、海河水保局，引滦工程管理局、漳河上游局及漳卫南局相关部门负责人参加会议。

10 月 28 日　党委书记张永明检查岳城水库泄洪洞、溢洪道及南水北调中线穿漳工程，查看了漳河生态园区建设，详细了解了岳城水库工程运行、供水管理及漳河采砂（石）管理等情况，并就工程管理、水行政执法、涉河建设项目管理及水资源管理等工作提出了指导性意见。

10 月 28 日　卫运河治理工程正式开工。

10 月 29 日　总工徐林波在局水文处负责人陪同下检查穿卫枢纽引黄济冀输水工作。

10 月 30 日　漳卫南局印发《漳卫南局技术创新及推广应用优秀成果评审办法》。

11 月

11 月 4 日　海河下游管理局局长康福贵、副局长苏艳林率队到漳卫南局就干部队伍建设和基层党组织建设等工作进行调研。局领导张胜红、张永明出席座谈会。

11 月 4 日　漳卫南局举办党委中心组（扩大）学习贯彻习近平总书记在党的群众路线教育实践活动总结大会重要讲话精神学习班，贯彻落实上级有关要求和精神，对继续深化作风建设、全面落实从严治党各项工作任务、做好教育实践活动后续工作进行部署。局长张胜红在开班仪式上作动员讲话，党委书记张永明主持学习班并作总结讲话，副局长靳怀堾传达习近平总书记在党的群众路线教育实践活动总结大会上的重要讲话精神，副局长李瑞江传达刘云山同志在中央党的群众路线教育实践活动领导小组会议上的讲话精神，副局长张永顺传达水利部部长陈雷和海委主任任宪韶在部党组和海委党组中心组（扩大）学习班上的讲话精神。学习班上，与会人员进行了分组讨论，局机关 5 个部门和局属 5 个单位结合工作实际就如何贯彻落实习近平总书记重要讲话精神进行了交流发言。副巡视员李捷参加学习讨论。副总工，局属各单位党政主要负责人、党的群众路线教育实践活动领导小组办公室负责人、局属各单位办公室主任，机关各部门、各直属事业单位副处级以上干部参加学习。

11 月 5 日　漳卫南局召开 2014 年办公室主任工作会议，对近几年局系统办公室工作进行总结，安排部署下一步工作。会议听取了局属各单位、德州水电集团公司工作情况汇报，交流了办公室工作经验；与会人员集中收看了中央党校黄小勇教授作的题为“加快转变政府职能”的讲座视频。局党委书记张永明出席会议并讲话。局办公室全体人员，局属各单位、集团公司分管办公室负责人、办公室主任、业务骨干 40 余人参加会议。

11 月 6 日　海委副主任、漳河上游管理局局长于琪洋、副局长杨士坤在办公室、人事处负责人陪同下到漳卫南局调研。局领导张胜红、张永明陪同调研。

漳卫南局召开水利工程维修养护工作座谈会，探讨交流水利工程日常维修养护物业化管理开展情况，副局长张永顺出席会议并讲话。与会人员实地查看了东光河务局维修养护物业化实施现场，就物业化管理工作开展相关情况进行了交流，就进一步推行物业化管理工作进行了探讨交流，并通报了上一阶段日常维修养护“飞检”情况。局属各有关河务局、管理局分管工程管理的负责人和工管科长以及部分水管单位的负责人，局建设与管理处有关人员参加会议。

11 月 11—12 日　海委廉政文化建设示范单位考评组对漳卫南局廉政文化建设示范单

位进行考评复审。党委书记张永明参加座谈会。

11 月 12 日　漳卫南局召开“五大支撑系统”建设推进会，推进水资源立体调配工程系统、水资源监测管理系统、洪水资源利用及生态调度系统、规划与科技创新系统和综合管理能力保障系统建设。局长张胜红主持会议，局党委书记张永明出席会议。会上，局领导结合责任分工对下一步“五大支撑系统”建设工作提出了指导性意见。计划处、水政处、防办、建管处、办公室等牵头部门负责人详细汇报了“五大支撑系统”建设进展情况、存在的问题和下一步工作打算。局领导、副巡视员，副总工，机关各部门和各直属事业单位主要负责人参加会议。

11 月 14 日　海委副主任王文生、总工曹寅白对卫运河治理工程进行检查。漳卫南局领导张胜红、张永顺陪同检查。

11 月 25 日—12 月 19 日　漳卫南运河网推出“走进基层水管单位”系列报道，先后刊发《依法规收边界用真情促和谐——吴桥河务局依法回收护堤地小记》《积极探索　致力实施——东光河务局工程日常维修养护物业化管理纪实》等 6 篇反映基层工作的纪实文章。

11 月 26 日　漳卫南局成立关心下一代工作委员会。

11 月 27 日　局长张胜红到沧州河务局调研。

引滦工程管理局局长徐士忠，副局长李辉、赵建河率队到沧州河务局就日常维修养护物业化管理工作进行调研。局长张胜红陪同调研。

□　漳卫南局职工边家珍被中国农林水利工会全国委员会授予“2014 年度全国水利系统职工文化建设先进个人”荣誉称号。

12 月

12 月 8—11 日　海委在山东省德州市主持召开牛角峪退水闸除险加固工程与祝官屯枢纽节制闸除险加固工程竣工验收会。会议顺利通过了竣工验收鉴定书。海委副主任王文生主持会议并讲话，总工曹寅白主持技术预验收专家组会议，漳卫南局领导张胜红、徐林波出席会议。

12 月 9 日　海委党组副书记、副主任王文生率办公室、监察（审计）处有关负责人对漳卫南局党风廉政建设主体责任落实情况进行督导检查，听取了漳卫南局落实主体责任情况汇报，查看了党风廉政建设相关资料，并与局领导班子成员及相关部门负责人进行座谈。漳卫南局领导张胜红、张永明、徐林波、张永顺出席座谈会。

中共漳卫南局党委印发《党风廉政建设责任制考核办法》。

卫河干流（淇门至徐万仓）河道治理工程可研报告通过国家发改委评估。海委副主任户作亮，漳卫南局领导张胜红、李瑞江出席评估会议。海委副总工及有关部门负责人，漳卫南局副总工及有关部门（单位）负责人，沿河相关省水利厅及市、县水利（务）局负责人参加会议。

12 月 16 日　漳卫南局 2015 年水利工程专项维修养护项目设计通过海委审查，副局长张永顺参加会议。海委建管处、财务处、安监处、科技咨询中心有关人员，漳卫南局建管处负责人，局属有关单位工管科负责人，局设计院有关人员参加会议。

12 月 17—18 日　副局长靳怀堾先后到聊城、邢衡河务局及四女寺枢纽工程管理局就引黄济冀输水及油坊码头险工保护与环境治理工作进行调研，并慰问工作在引黄第一线的广大职工。

漳河上游管理局副局长沈延平带队到漳卫南局就水利工程建设管理等工作进行调研。漳卫南局副局长张永顺陪同调研。

12 月 30 日　局长张胜红参加漳卫南运河水利工程建管局职工年度考核会议，听取建管局职工述职并对相关工作提出了指导性意见。副局长张永顺出席会议。

□　漳卫南局德州水政监察支队，浚县、魏县、故城、临清、东光水政监察大队被评为海委系统 2014 年优秀水政监察队伍，其他 42 支水政监察队伍评为合格。

□　在全国农林水利系统组织的“中国梦·劳动美·促改革·迎国庆”主题征文活动中，漳卫南局获得优秀组织奖。漳卫南局职工许琳撰写的征文《让青春的梦想在基层闪光》获得一等奖，刘邑婷、伊清岭撰写的征文《秉承水文精神奉献无悔青春》《诗润减河》获得三等奖。

前期工作

【漳卫南局水利发展“十三五”规划】

根据海委要求，漳卫南局启动《漳卫南局水利发展“十三五”规划》编制工作。截至年底，已完成《漳卫南局水利发展“十三五”规划编制工作方案》《漳卫南局水利发展“十三五”规划思路报告编制提纲》的编制工作。

【漳卫南运河管理局事业发展规划】

《漳卫南运河管理局事业发展规划（2014—2020）》已编制完成。《规划》紧紧围绕漳卫南局的职能任务，抓住困扰漳卫南局发展的主要问题，以实现三大转变，建设五大支撑系统为重点，采取综合有效措施，从工程管理、防汛抗旱、水利基本建设及基础设施建设、水政执法能力建设、水文水资源管理、通讯工程建设、财务管理、党的建设、人才队伍建设、纪检监察审计工作、共青团建设、后勤保障能力建设共十三个方面的工作现状进行分析，并提出发展规划的主要任务和目标。

【水资源立体调配工程系统方案】

组织编制完成漳卫南运河水资源立体调配工程系统方案和规划。该方案立足于建立水资源立体调配工程系统，从指导思想和规划原则、立体调配工程线路、工程布置、水资源监测、管理模式，投资规模等方面进行了规划，构建漳卫南运河水资源、黄河水、南水北调水的互联互通互补的“一纵七横”的跨流域水资源配置工程格局。

工 程 管 理

【标准化管理】

年初，制定并印发《2014年工程管理工作要点》，确定2014年工程管理的工作思路。组织对庆云、袁桥、四女寺倒虹吸、临清引黄穿卫枢纽工程进行安全鉴定。配合安全鉴定承担单位完成安全鉴定现场检查检测工作，编写完成鉴定报告及辛集闸、四女寺南闸节制闸安全鉴定申报书。年内，对2014年维修养护工作进行了5次专项检查、2次抽查和2次飞检，对检查中发现的问题提出整改意见。11—12月，根据工程管理考核办法，对全局水管单位进行年终工程管理考核。

【确权划界】

根据水利部、海委部署，8月启动确权划界工作。收集整理全局确权划界整体情况、已确权和未确权的土地面积、应划界土地面积等有关资料。9月，对四女寺枢纽确权划界工作进行调研，通过听取四女寺确权划界工作方案，查看现场，对工作方案提出了修改意见，提出尽快实行封闭管理。四女寺局着手德城范围内土地确权办证工作。10月，制定漳卫南局确权划界工作意见，对今后全局确权划界工作的范围、依据、原则、工作任务与目标等进行部署。12月，完成漳卫南运河管理局划界确权调查报告和划界确权实施方案。

【晋级达标】

2月，水利部工程运行管理督察组对岳城水库运行管理工作进行督察，督察组对岳城水库运行管理工作提出好评。9月26日，水利部主持召开清河河务局国家级水利工程管理单位复核验收会。专家组查验工程现场、防汛仓库和机关院落，听取管理单位近三年来管理考核情况和自检情况的汇报，查阅工程资料，就有关问题进行了质询。专家组依据《河道工程管理考核标准》进行评分，形成专家组验收意见，同意清河河务局以931.2分通过国家级水管单位复核验收，并对今后的工程管理工作提出建议。11月17—18日，海委主持召开夏津、清河河务局海委系统水利工程管理示范单位复核验收会。夏津、东光河务局分别以885.4分、903.2分通过复核验收。

【专项维修养护】

1月17日，2014年水利工程专项维修养护项目设计通过海委审查。3月1日，海委批复漳卫南局2014年专项维修养护项目。漳卫南局水管单位2014年水利工程专项维修养护项目工程总投资2867.06万元（详见附表），年内全部完成施工及验收工作。

3月，印发《漳卫南局关于做好2015年水利工程专项维修养护项目设计的通知》（办建管〔2014〕5号）。10月，上报《漳卫南局关于报审2015年水利工程专项维修养护项目设计的请示》（漳建管〔2014〕30号）。12月，2015年水利工程专项维修养护项目设计通过海委审查。

【科技管理】

为加快全局科学发展步伐，4月，组织召开“231”人才科技工作座谈会。6月，制定“漳卫南局科技创新系统建设实施方案”，拟定科技创新工作框架。10月，印发《漳卫南运河管理局技术创新及推广应用优秀成果评审办法》，鼓励漳卫南运河管理局系统单位、部门和职工进行技术创新。

根据《漳卫南运河管理局科学技术进步奖评审办法》，组织开展2014年度技术创新及推广应用优秀成果评审工作。确定《漳卫南运河防汛地图信息管理平台》《Excel 2007水质监测评价系统》《全自动全封闭水闸启闭机绳孔封堵门》3项成果分别获得漳卫南运河管理局第一届科学技术进步一、二、三等奖。年内，漳卫南局承担完成的喷微灌技术的推广应用，获得海委水利科技进步三等奖。

【安全生产】

1. 责任落实

按照“统一领导、综合协调、归口管理、齐抓共管”的原则，全面落实安全生产责任。1月13日，召开2014年安全生产工作会议，布置全年的安全生产工作。年内，印发《漳卫南局办公室关于印发2014年安全生产工作要点的通知》《漳卫南局关于开展水利安全生产大检查“回头看”的通知》《漳卫南局办公室关于进一步明确水利部挂牌督办重大隐患项目安全责任的通知》《漳卫南局办公室关于进一步明确局系统通信塔安全管理责任的通知》《漳卫南局关于进一步明确安全生产责任体系的通知》等文件，明确全局范围内安全生产领导责任、直接责任、主体责任和监管责任，开展水利安全生产大检查“回头看”工作。

附表　**漳卫南局水管单位2014年水利工程专项维修养护项目统计表**

编号	项目名称	工程位置	主要工程量	工程投资/万元	备注
	合计			2867.06	
一	卫河河务局			464.35	
（一）	浚县河务局			234.78	
1	卫河左岸小河堤防精细化建设	卫河左堤，桩号19+550-22+450	堤顶路面灰土基层2611.6m³；C20混凝土路面2321.8m³；堤肩整修580m³；堤脚界埂土方1508m³；堤肩植草5800m²；堤坡植草12740m²；上堤坡道土方538m³；上堤坡道灰土基层113m³；上堤坡道C20混凝土路面95m³；警示牌3个；宣传牌2个；界桩106个；路口桩12个；村牌1个	174.55	堤防精细化建设
2	卫河左岸小河堤顶路面硬化	卫河左堤，桩号22+450-22+846	灰土基层356.4m³；C20混凝土路面316.8m³；堤肩回填土方79.2m³；植草792m²	21.88	堤顶路面硬化
3	雷村险工整修	卫河左堤，桩号16+320-16+430	坝坡养护土方135m³；干砌石护坡维修470m³；土工布铺设1175m²；碎石垫层117.5m³；浆砌石封顶维修65.3m³；勾缝1430m²	15.48	干砌石护坡局部修复

续表

编号	项目名称	工程位置	主要工程量	工程投资/万元	备注
4	王湾2险工整修	卫河左堤，桩号20+722-20+876	坝坡养护土方322m^3；干砌石护坡维修702.4m^3；土工布铺设1756m^2；碎石垫层175.6m^3；浆砌石封顶维修86.3m^3；勾缝2002m^2	22.87	干砌石护坡局部修复
（二）	滑县河务局			33.37	
1	河西堤顶路面硬化	卫河左堤，桩号28+728-29+300	三七灰土基层514.8m^3；C20混凝土路面457.6m^3；堤肩回填土方114m^3；堤肩、堤坡植草8866m^2	33.37	堤顶路面混凝土硬化
（三）	内黄河务局			102.04	
1	卫河右堤王庄堤防精细化建设	卫河右堤，桩号111+300-115+000	堤顶整修土方5920m^3；堤坡整修土方5323m^3；护堤地、弃土整修3760m^3；界埂、畦田埂整修2886m^3；堤肩、堤坡植草70620m^2；植杨树1337棵；宣传牌4个、警示牌3个；界桩133个	62.89	堤防精细化建设
2	卫河右堤张固村城乡结合部建设	卫河右堤，桩号115+000-115+800	堤顶整修土方1280m^3；堤坡整修土方967m^3；护堤地、弃土整修1280m^3；界埂、畦田埂整修312m^3；堤肩、堤坡、弃土植草20240m^2；临建、垃圾拆除清运480m^2；景观绿化800m；宣传牌1个、警示牌1个；界桩29个	39.15	城乡结合部建设
（四）	汤阴河务局			27.76	
1	任固堤顶路面硬化	卫河左堤，桩号86+930-87+330	三七灰土基层432m^3；C20混凝土路面400m^3；堤肩回填土方240m^3；堤肩植草1200m^2	27.76	堤顶路面混凝土硬化
（五）	清丰河务局			13.15	
1	苏堤桥上堤防整修	卫河右堤，桩号124+200-125+000	堤肩整修土方240m^3；堤坡整修土方2253m^3；界埂、畦田埂整修624m^3；护堤地整修640m^3；堤肩、堤坡植草19200m^2；宣传牌1个、警示牌1个；界桩29个、公里桩2个	13.15	堤肩整修，堤坡整修，护堤地整修，附属设置增设
（六）	南乐河务局			41.18	
1	梁村堤顶路面硬化	卫河左堤，桩号135+800-136+400	三七灰土基层648m^3；C20混凝土路面600m^3；堤肩回填土方180m^3；植草1800m^2	41.18	堤顶路面混凝土硬化
（七）	刘庄闸管理所			12.07	

续表

编号	项目名称	工程位置	主要工程量	工程投资/万元	备注
1	刘庄闸护坡整修	共渠左堤，桩号0+000-0+110	坝坡养护土方$220m^3$；浆砌石护坡维修$282m^3$；土工布铺设$705m^2$；碎石垫层$70.5m^3$；勾缝$1100m^2$	12.07	浆砌石护坡局部修复
二	邯郸河务局			475.27	
(一)	临漳河务局			176.81	
1	杜家堂至张看台桥堤顶硬化路面维修	漳河右堤，桩号21+400-25+400	路面拆除$14800m^2$；清基$900m^3$；三七灰土$3744m^3$；浆砌砖$2515.2m^3$；堤肩垫土$1275.7m^3$	176.81	堤顶硬化路面维修
(二)	魏县河务局			120.43	
1	南双庙村堤段堤顶硬化路面维修	漳河右堤，桩号55+370-58+020	路面拆除$12720m^2$；清基$159m^3$；三七灰土$2480.4m^3$；浆砌砖$1666.32m^3$；堤肩垫土$795m^3$	120.43	堤顶硬化路面维修
(三)	大名河务局			131.98	
1	东南屯仓库堤段堤顶路面硬化	漳河左堤，桩号73+020-75+170	路面清基$1118m^3$；三七灰土基层$2012.4m^3$；C20混凝土$1935m^3$；堤肩垫土$862.1m^3$	131.98	堤顶路面混凝土硬化
(四)	馆陶河务局			46.05	
1	卫运河左堤2+700-3+400堤顶硬化路面维修	卫运河左堤，桩号2+700-3+400	原路面拆除$2590m^2$；清基$210m^3$；三七灰土基层$655.2m^3$；C20混凝土路面$630m^3$；堤肩垫土$210m^3$	46.05	堤顶硬化路面维修
三	聊城河务局			176.54	
(一)	冠县河务局			83.97	
1	李圈至宋庄堤防精细化建设	卫运河右堤，桩号13+000-16+000	堤顶整修土方$4600m^3$；堤坡整修土方$5329m^3$；戗台整修土方$3680m^3$；弃土削坡土方$10800m^3$；弃土填坡土方$10800m^3$；弃土畦田埂整修土方$520m^3$；护堤地整修土方$2160m^3$；护堤地界埂整修$1560m^3$；界桩加密200根；草皮种植$38400m^2$；上堤坡道填筑土方$1540m^3$；三七灰土$108m^3$；坡道混凝土浇筑$96m^3$	83.97	堤防精细化建设
(二)	临清河务局			53.73	
1	丁皂至房村厂堤防精细化建设	卫运河右堤，桩号50+000-53+000	堤顶整修土方$4800m^3$；堤坡整修土方$4730m^3$；戗台整修土方$3310m^3$；戗台畦田埂整修$5200m^3$；护堤地整修土方$1950m^3$；护堤地界埂整修$2080m^3$；草皮补植$30000m^2$；界桩184根	53.73	堤防精细化建设

续表

编号	项目名称	工程位置	主 要 工 程 量	工程投资/万元	备　　注
(三)	引黄穿卫枢纽管理所			38.84	
1	穿卫枢纽明渠等管护设施维护	卫运河右堤，桩号60+670	植草12150m^2、大叶女贞65棵；闸门及门槽防腐643.8m^2；穿左右堤涵闸检修桥护栏安装136.6m；明渠护坡及植草整平土方填筑夯实3460m^3，混凝土板维修136m^3，右堤外中心洲透视墙混凝土浇筑25.08m^3，水泥护栏82.5m^2，蘑菇石贴面86.3m^2	38.84	闸门防腐、明渠绿化、护坡维修、涵闸检修桥护栏安装及中心洲进口透视墙翻修
四	邢台衡水河务局			242.80	
(一)	临西河务局			95.86	
1	汪江堤顶路面翻修	卫运河左堤，桩号76+280－77+580	原路面拆除6500m^2；三七灰土基层1404m^3；C20混凝土1300m^3	95.86	堤顶硬化路面维修
(二)	故城河务局			146.94	
1	齐庄城乡结合部建设	卫运河左堤，桩号121+400－122+300	堤顶路面三七灰土基层432m^3，C20混凝土400m^3；堤坡整修土方8535m^3，堤坡护砌基础三七灰土基层43.74m^3，护砌浆砌砖197.10m^3；堤肩、堤坡草砖铺设6439.5m^2；树木清理1038棵，国槐种植602棵，柳树种植722棵；护堤地路面硬化三七灰土基层194.4m^3，C20混凝土189m^3，护堤地平整土方1170m^3，护堤地界埂397.8m^3；护堤地界桩18个，护堤地宣传牌16个，堤顶宣传牌2个	118.27	城乡结合部建设
2	上堤坡道硬化	卫运河左堤，桩号111+350－153+010 南运河左堤，桩号006+550－009+950	浆砌砖392.94m^3；土方1067m^3；三七灰土基层762.39m^3	28.67	上堤坡道浆砌砖硬化
五	德州河务局			551.91	
(一)	夏津河务局			27.51	
1	卫运河右堤白庄村堤顶路面硬化	卫运河右堤，桩号74+920－75+320	清基120m^3；土方开挖950m^3；整平临背河堤肩土方39m^3；石灰稳定土垫层2240m^2；二灰土基层2240m^2；沥青混凝土路面2000m^2；混凝土路缘石16m^3	27.51	堤顶路面硬化

续表

编号	项目名称	工程位置	主 要 工 程 量	工程投资/万元	备　注
（二）	武城河务局			169.59	
1	陈公堤尚庄至徐白堤防整修	陈公堤，桩号3＋250－5＋200	拆砖沿石 28m³；基层 12870m²；沥青混凝土路面 11700m²；混凝土路缘石 78m³；清基 2000m³；土方开挖 3805m³；土方填筑 3708m³；打护堤地界埂 1040m³	149.31	堤顶路面维修、堤坡维修
2	西郑分洪闸闸区绿化	卫运河右堤，桩号 139＋000	种植国槐 17 株、栾树 12 株、香花槐 15 株、大龙柏 12 株、西府海棠 4 株、丁香 8 株、紫叶李 9 株、木槿 12 株、金叶女贞球 8 株、冬青球 27 株，种植金银木 6 株、连翘 21 株、丰花月季 1050 株、鸢尾 2600 株、洒地柏 400 株、小龙柏 900 株；播种白三叶 890m²；铺草坪砖 80m² 和青石板 168m²；砌花坛 1 组	20.28	闸区植树、铺草坪砖绿化
（三）	德城河务局			174.17	
1	减河右堤外环快速通道至王英村堤防整修	减河右堤，桩号 31＋730－32＋965、33＋185－34＋650	堤顶清基 810m³；拆除原破损沥青混凝土路面 872m³；堤顶土方开挖 2113m³；整平临背河堤肩土方 1038m³；二灰土基层 15120m²；沥青混凝土路面层 13500m²；混凝土路缘石 108m³；堤坡开挖土方 8756m³；堤坡填筑土方 3485m³；打护堤地界埂 1083m³	174.17	堤顶路面维修、堤坡维修
（四）	宁津河务局			88.73	
1	漳卫新河右堤刘宅至小侯村堤顶路面硬化	漳卫新河右堤，桩号 94＋890－96＋375	清基 446m³；土方开挖 499m³；整平临背河堤肩土方 1143m³；二灰土基层 8316m²；沥青混凝土路面 7425m²；混凝土路缘石 59.4m³	88.73	堤顶路面硬化
（五）	乐陵河务局			37.09	
1	漳卫新河右堤纸房村堤顶路面硬化	漳卫新河右堤，桩号 118＋697－119＋335	清基 191m³；拆防渗墙 20m³；土方开挖 388m³；整平临背河堤肩土方 95m³；二灰土基层 3573m²；沥青混凝土路面 3190m²；混凝土路缘石 25.52m³	37.09	堤顶路面硬化
（六）	庆云河务局			54.82	
1	漳卫新河右堤东窑至后张堤顶路面硬化	漳卫新河右堤，桩号 142＋930－143＋845	清基 275m³；土方开挖 446m³；整平临背河堤肩土方 755m³；二灰土基层 5124m²；沥青混凝土路面 4575m²；混凝土路缘石 36.6m³	54.82	堤顶路面硬化

续表

编号	项目名称	工程位置	主要工程量	工程投资/万元	备注
六	沧州河务局			364.03	
(一)	吴桥河务局			105.37	
1	张集至堤上郭堤防精细化建设	岔河左堤，桩号33+050-34+200	清基土方1380m³；C20混凝土路面1150m³；18cm三七灰土基层1242m³；堤肩整修土方621m³；堤坡整修土方4621m³；戗台整修1545m³；畦田界埂整修1312m³；行道林补植920株；界桩46个、百米桩11个，大型警示牌2个	105.37	堤防精细化建设
(二)	东光河务局			42.15	
1	漳卫新河左堤堤顶硬化道路维修	漳卫新河左堤，桩号63+000-67+000	拆除基层2456m²；二灰碎石层1350m²；沥青混凝土路面2456m²	33.84	堤顶硬化路面维修
2	大型警示牌制作安装	漳卫新河左堤，桩号62+213-85+414	大型警示牌23个	8.31	警示牌制作安装
(三)	南皮河务局			33.87	
1	金庄段堤防精细化建设	漳卫新河左堤，桩号96+500-97+500	泥结石路面整修清基土方600m³；路面泥结石硬化5000m²；路缘石铺设30m³；堤坡整修土方2620m³；戗台护堤地整修2700m³；畦田界埂整修1213m³；界桩20个，百米桩9个	33.87	堤防精细化建设
(四)	盐山河务局			70.86	
1	漳卫新河左堤堤顶硬化道路维修	漳卫新河左堤，桩号136+000-147+216	拆除基层2326m²；二灰碎石层1395m²；沥青混凝土路面2326m²	32.68	堤顶硬化路面维修
2	西荣至黄庄堤防精细化建设	漳卫新河左堤，桩号109+500-113+000	堤坡整修土方6394m³；戗台护堤地整修8557.5m³；畦田界埂整修3834m³；界桩制作安装100个，百米桩制作安装32个，大型警示牌制作安装3个	38.18	堤防精细化建设
(五)	海兴河务局			111.78	
1	漳卫新河左堤堤顶硬化道路维修	漳卫新河左堤，桩号147+216-165+050	拆除基层397m²；二灰碎石层243m²；沥青混凝土路面397m²；沥青路面灌缝13376m²	24.90	堤顶硬化路面维修
2	郭桥至辛集堤防精细化建设	漳卫新河左堤，桩号160+500-165+500	堤坡整修15612m³；戗台护堤地整修8925m³；畦田界埂整修3445m³；堤肩整修土方2000m³；界桩制作安装200个，百米桩制作安装45个；行道林补植3000棵；大型警示牌制作安装5个	86.88	堤防精细化建设

续表

编号	项目名称	工程位置	主要工程量	工程投资/万元	备注
七	岳城水库管理局			242.46	
1	进水塔 2×1250kN 门机大修	岳城水库进水塔平台	电气系统更新改造；大车行走机构改造；起升机构改造；机房内电动葫芦改造；自动抓梁液压系统更换；门机外部检修吊更换；操作室更换；门机防腐	242.46	
八	四女寺枢纽工程管理局			84.23	
1	四女寺枢纽南闸、节制闸启闭机房地面、屋面等管护设施维护	四女寺枢纽南闸、节制闸、节制闸上卫运河左岸及高压专线	PVC 地板面积 $594m^2$；碎石垫层 $50.3m^3$；护坡浆砌石翻修 $402.4m^3$；浆砌石护坡勾逢 $2012m^2$；C20 混凝土 $48.5m^3$；15 台套启闭机系统维护	84.23	
九	水闸管理局			265.47	
（一）	袁桥闸管理所			26.80	
1	交通桥维修	漳卫新河，河道中心桩号 25+526	混凝土修补 $672m^2$；防碳化处理 $2017m^2$；桥面板底部刷涂料 $1132m^2$	26.80	
（二）	吴桥闸管理所			32.57	
1	闸门操作设备维护	岔河，河道中心桩号 37+114	工作站 2 台、UPS 电源 1 台、打印机 1 台、网络交换机 1 台、操作台 1 台、光纤收发器 2 台、LCU 柜 1 台、触摸屏 1 台、闸门开度仪 16 台、硬盘录像机 1 台、定焦摄像机 10 台、软件 1 套、47 吋液晶电视 1 台	32.57	
（三）	王营盘闸管理所			32.85	
1	动力电缆更换及引桥维修	漳卫新河，河道中心桩号 62+270	桥面维修 $999m^2$；栏杆除锈刷漆 $1650m^2$；土方开挖回填 $100m^3$；敷设电缆 250m	32.85	
（四）	罗寨闸管理所			34.31	
1	闸墩混凝土防碳化处理	漳卫新河，河道中心桩号 95+550	混凝土修补 $1172m^2$；防碳化处理 $2343m^2$	34.31	
（五）	庆云闸管理所			51.08	
1	闸门启闭计算机自动控制系统改造	漳卫新河，河道中心桩号 132+100	更换维修工作站 2 台、交换机 2 台、操作台 1 台、LCU 柜 13 台、施耐德 PLC 13 台、闸门开度仪 13 台、硬盘录像机 2 台、定焦摄像机 16 台	51.08	

续表

编号	项目名称	工程位置	主要工程量	工程投资/万元	备注
(六)	无棣河务局			87.86	
1	辛集闸上游检修桥维修	漳卫新河，河道中心桩号 165+120	1m 宽桥面板 16 块；0.6m 宽桥面板 12 块；C15 混凝土 43.2m^3；C30 混凝土 57.8m^3；模板 722m^3，钢筋 14.3t	34.26	
2	堤顶沥青路面维修	漳卫新河右堤，桩号 175+500－188+500	拆除基层 1770m^2；二灰碎石层 1770m^2；沥青混凝土路面 3540m^2	53.60	

2. 安全检查

按照《漳卫南局办公室关于转发开展水利行业重要管线工程安全专项排查整治和今冬明春水利安全生产检查的通知》精神，1—4 月，全局各单位将“两项工作”作为重点进行安全生产检查。其中，1 月，对岳城水库的安全隐患和安全管理进行检查，重点是挡水、泄水、输水建筑物和相关设备设施、巡视检查与安全监测、安全运行的各项保障措施及春节期间的值班值守等，并报送了水库大坝安全责任人名单。5 月，印发《漳卫南局关于加强汛期水利安全生产工作的通知》。在全河系开展汛前水利工程安全生产检查。检查内容包括各单位汛前检查情况、责任制落实情况、应急预案与工程隐患排查情况等。同时，对全局的通讯铁塔、高空坠物隐患和高空作业安全管理进行全面的梳理检查，排查治理一批安全隐患。

根据《水利部关于印发〈水利行业集中开展“六打六治”打非治违专项行动工作方案〉的通知》(水安监〔2014〕267 号）和海委要求，9 月印发《漳卫南局办公室关于转发水利行业集中开展“六打六治”打非治违专项行动工作方案的通知》和《漳卫南局办公室关于做好“六打六治”打非治违专项行动信息报送及安全生产隐患上报工作的通知》，各单位组织力量对“六大范围”进行全面检查，打击一批非法违法行为。

加强对辛集闸交通桥、刘庄闸两处重大隐患的监督检查。对水利部挂牌督办的两处重大安全隐患，按照整改措施、资金、期限、责任人和应急预案“五落实”要求做好工作，加强风险分析评估和监控力度，确保运行安全。

3. “安全生产月”活动

根据《水利部办公厅关于开展 2014 年水利系统“安全生产月”活动的通知》(办安监〔2014〕102 号）和《海委 2014 年“安全生产月”宣传活动实施方案》(海安监〔2014〕4 号）的要求，制定《漳卫南局 2014 年安全生产月活动实施方案》，在全局开展以“强化红线意识，促进安全发展”为主题的“安全生产月”活动。活动期间，局机关利用电子屏滚动显示、张贴宣传画、印发安全知识手册、观看安全教育录像片等形式，传播安全文化。局属各单位开展系列活动，进行安全生产宣传。

5 月，组织开展水利安全生产信息网上填报工作，完成纸质报送到网上报送的对接。自 6 月起，各单位通过网报系统上报月安全生产报表等信息。

6月，举办全局2014年安全生产培训班。

推进安全生产标准化建设工作。8月，印发《关于开展安全生产规范化建设做好安全生产考核准备工作的通知》，对全局安全生产标准化建设工作提出了明确要求。各单位对照评分标准对安全生产工作进行全面梳理。

12月，组织开展了2014年度安全生产考核工作。

【推进深化水管体制改革】

根据海委建管会议精神和海委《关于进一步推进维修养护工作的意见》（海建管〔2014〕12号）要求，7月，召开工程管理座谈会，对继续深化水管体制改革等方面的工作进行部署，提出建立我局维修养护市场准入制、实行日常维修养护物业化的基本思路。8—9月，对有关水管单位和二级局日常维修养护物业化开展情况进行调研指导。

8月，召开党委会，深入研究落实任宪韶主任讲话精神，部署下一阶段重点工作。会议研究梳理出深化维修养护管理体制、机制改革；加大土地资源开发利用力度，推进土地资源集约化经营等八项重点工作并进行了责任分工，明确了分管局领导、责任部门和阶段性工作完成时间。8月26日，成立深化水管体制改革领导小组，研究讨论深化水管体制改革工作计划，提出尽快制定并落实深化水管体制改革实施方案，年底完成维修养护公司整合的工作目标，研究了深化水管体制改革应重点解决的问题，确定了深化水管体制改革工作时间表。

9月2日、9月4日，分别召开维修养护公司经理座谈会和部分三级局局长座谈会，分析水管体制改革工作存在的问题，就如何深化水管体制改革，实现维修养护公司自我维持和发展并良性运行，逐步达到维修养护市场化、集约化、专业化、社会化要求，完善体制机制，进一步落实维修养护主体责任，充分发挥三级局主观能动性，推进日常维修养护物业化，实现日常维修养护常态化，加强堤防工程的巡查看护力度等问题进行了讨论和交流。

10月14—17日，局长张胜红带领深化水管体制改革领导小组成员赴淮委沂沭泗管理局、黄委河南省管理局调研深化水管体制改革情况。

工 程 建 设

【卫运河治理工程】

卫运河上起漳河、卫河汇合口的徐万仓，下至四女寺枢纽，全长157km。地处河北、山东两省交界处，涉及河北省的馆陶县、临西县、清河县和故城县，山东省的冠县、临清市、夏津县及武城县。

2014年5月12—15日，国家发改委国家投资项目评审中心组织专家对卫运河治理工程初步设计概算进行评审，基本同意卫运河治理工程初设概算内容，要求编制单位根据专家意见进行修改完善。8月，水利部批复卫运河治理工程初步设计报告（水总〔2014〕284号）。本次治理范围为徐万仓至四女寺河段，河道全长157km。治理标准为50年一遇防洪标准，设计行洪流量4000m^3/s；3年一遇排涝标准，设计排涝流量900m^3/s。治理目标为：对卫运河进行达标建设和加固处理，遇50年一遇洪水，河道能够安全下泄，确保堤防安全；恢复原河道排涝能力，遇3年一遇标准涝水不上滩；堤防和穿堤建筑物均达到二级标准。主要建设内容为河道清淤、堤防加高加固、险工整治工程、穿堤涵闸重建工程、穿堤涵闸、涵管维修加固工程、涵闸、涵管拆除封堵工程等。

根据《国家发展改革委关于卫运河治理工程初步设计概算的批复》（发改投资〔2014〕1589号），核定本工程初步设计概算总投资为41399万元全部由中央预算内投资负责安排。工程建设施工总工期为36个月。

2014年已下达投资计划8000万元（海规计〔2014〕23号），用于河道清淤、堤防加高、险工线段整治等项目实施。工程建设于2014年10月28日开工。

【卫河干流（淇门—徐万仓）治理工程】

年内，完成社会稳定评估和移民安置大纲修改完善工作，上报水利部待批；编制完成《卫河干流（淇门—徐万仓）治理工程可行性研究勘测设计补充任务书》并上报海委。12月8—11日，国家发改委委托中国水电工程顾问集团有限公司对可研报告进行了评估，基本同意该项目报告书的内容，认为卫河现状河道主槽淤积、堤防超高不足、险工险段、穿堤建筑物存在安全隐患，河道泄量不能满足防洪规划的要求，进行治理是十分必要的，要求设计单位根据会议讨论意见对报告进行必要的补充和修改。

【漳卫南运河四女寺枢纽北进洪闸除险加固工程】

2014年12月，《漳卫南运河四女寺枢纽北进洪闸除险加固工程可行性研究勘测设计任务书》通过水利部水利水电规划设计总院审查。2015年1月，水利部批复《漳卫南运河四女寺枢纽北进洪闸除险加固工程可行性研究勘测设计任务书》（水规计〔2014〕452号）。本次工程的主要任务是针对北进洪闸存在的严重质量问题，根据漳卫河系防洪规划要求，对北进洪闸进行除险加固，满足安全运用，进一步完善漳卫河流域的防洪体系，充分发挥北进洪闸防洪、除涝、灌溉等综合效益。设计四女寺北进洪闸的过闸流量为1970m^3/s，相应闸上水位25.27m，闸下水位25.17m；校核流量为2800m^3/s，相应闸上水位26.65m，闸下水位26.50m。工程总投资为8031.58万元，工程临时占用耕地51.8亩，施工总工期初拟14个月。

水政水资源管理

【水法规宣传与普法】

第22届“世界水日”、第27届“中国水周”活动期间，围绕“加强河湖管理，建设水生态文明”的宣传主题，局机关及局属各单位开展多项宣传活动。

根据“六五”普法规划的部署，结合工作实际，制定2014年度普法依法治理工作计划，开展年度普法。按照水利部普法办公室《关于组织开展水利普法依法治理知识问答活动的通知》（水普法〔2014〕2号）要求，组织参加水利普法依法治理知识问答活动。按照地方属地普法工作的要求组织参公人员、事业单位处级以上干部参加德州市网络法律知识考试。

围绕“12·4国家宪法日”，开展多项活动进行宣传。

【水政监察队伍建设】

1. 队伍调整

2014年实际新增水政监察人员3人，水政监察总队人数238人。为加强对水政监察工作的领导，根据卫河局、邯郸局、邢衡局、沧州局主要领导变动情况及时调整支队。根据水政监察人员工作变动情况及时调整补充了水政监察人员。完成了50多名水政监察人员水利部证件申领颁发工作。完成了山东省法制办的证件审验、新增人员发证、河北省证件年检及执法人员法律知识考试等工作。

2. 人员培训

结合工作实际以及针对新形势下水政执法工作的突出问题，局总队以及局属各级水政监察队伍多次组织水政监察人员培训。10月22—24日，举办2014年水行政执法人员培训班，针对目前我局行政强制存在的问题、《行政强制法》的修订以及在新形势下提高突发事件应对和媒体沟通能力，培训班聘请专家对《行政强制法》《舆情管理》等知识进行了讲解；组织学员分组开展了模拟办案并进行了总结、点评，进一步规范了执法程序。参训学员通过局水行政执法人员考试系统软件进行无纸化结业考试。

3. 队伍考核

11—12月，按照海委加强水政监察队伍建设有关要求，组织开展水政水资源工作大检查，同时开展2014年度水政监察支队考核工作。经海委考核评议：德州水政监察支队为优秀水政监察支队。浚县水政监察大队、魏县水政监察大队、故城水政监察大队、临清水政监察大队、东光水政监察大队为优秀水政监察大队，其他水政监察队伍考核等次为“合格”。

【水政监察基建工作】

2014年水政监察基础设施建设为漳卫新河（山东岸）水行政执法视频监控系统，总投资254万元，2014年到位资金227万元，4月完成招投标，6月开工建设。至2014年12月31日，项目建设已基本完成。

【水行政执法与监督】

1. 开展执法巡查

2014年将水行政执法巡查作为一项重要制度，做到有部署、有检查、有监督。各级执法巡查对每次巡查情况、发现的问题、处理案件结果专门记录，年终归入执法档案。强化层层监督，对存在的问题及时纠正，加强巡查制度的落实。总队开展全局性水政执法检查2次，对重点个案进行专门检查。

2. 河湖专项执法

5月，组织召开工作会议，研究部署深化河湖专项执法检查工作，制定深化河湖专项执法活动实施方案，重点围绕2013年河湖专项执法活动遗留问题及整改落实情况、涉河建设项目监督管理、漳河无堤段管理、水库、枢纽的秩序管理、河道树障清理、河道采砂管理、卫运河浮桥管理、漳卫新河河口管理、历史遗留连片村居及滩地村庄扩建侵占等领域开展了深化河湖专项执法检查活动。活动要求，各单位每月及时汇报开展情况，局统计汇总报海委。截至10月，共组织河湖专项执法活动639次，参加人员2195人次，检查河道167条次，检查河道7979km，检查湖泊水库面积180m^2，检查涉河湖活动242处。

3. 水事案件查处

2014年累计查处水事违法案件68起（当场查处水事违法案件34起，立案查处水事违法案件34起）。

【涉河建设项目管理】

年内，先后对京港澳高速公路改扩建工程、德龙烟铁路跨越减河桥梁工程、德州市南水北调配套工程等10余项在建项目进行监督管理。对京港澳高速公路改扩建工程，河南省南水北调供水配套管线穿越共渠、卫河等项目防护工程进行验收。对S222大海线滑浚界至上曹段改建工程跨越卫河共渠工程、引黄入冀补淀工程穿漳恢复穿卫工程等项目建设进行协调。在京港澳高速公路改扩建工程、石济高铁岔河、减河防护工程建设中探索开展了代建制。

【漳河河道采砂管理】

2014年，加强日常巡查和开展专项整治活动，以水利工程、险工险段、桥梁、管线等区域为突破口，打击非法采砂行为。开展执法巡查223天次，同临漳县政府、公安局、漳河园区公安分局等联合123次。立案查处违法采砂案件18起，查扣违法挖砂铲车16台、运砂车辆8部，拆除采砂违建房9处，清除砂场标牌9个，移交与配合公安机关处理案件6起，被刑事拘留7人，行政拘留3人，罚款10万余元。

5月，临漳县政府组织召开由河务局、水利局、公安局、工商局、沿河各乡镇等有关部门负责人参加的“漳河禁采专项整治活动会”，成立了以县长为组长的“临漳县漳河全面禁采联合执法行动领导小组”，制定《关于开展漳河全面禁止采砂联合执法行动实施方案》，组织开展大规模打击非法采砂专项活动。

【漳卫新河河口管理】

2014年水政监察基础设施建设项目在漳卫新河河口左岸海丰以下、右岸孟家庄以下管理范围边界线埋设界桩80个。6月组织开展漳卫新河河口调研，查勘了河口现状和监控视频系统运行情况，听取有关汇报，并提出指导性意见。

7月，海河防总组织河北、山东省防汛抗旱指挥部对漳卫新河河口违法设施进行专项检查，局属有关单位联合地方政府及有关部门对漳卫新河河口码头、船厂等违章建筑进行核查统计。主汛期以正式文件向地方政府进行协调沟通，成立联合工作组，推进漳卫新河河口违章建筑清理工作。河北、山东两省防指通过正式文件要求县防指拿出有力举措，加大清障力度，县防指制定清障预案，并与部分设障人签订了清障协议。

【岳城水库周边采煤监管】

2014年，加强对岳城水库库区及周边地区采煤的监督管理，开展汛前有关煤矿的监督检查，加强采煤安全影响监测系统运行，并根据岳城水库库区及周边采煤对水库安全运行影响监测系统的建设进展，做好现场实测、数据分析、资料整编等工作。

汛期落实防汛措施，保障水库工程安全度汛。7月初，现场检查磁县申家庄煤矿、六合工业有限公司、冀中能源峰峰集团公司黄沙矿、梧桐庄煤矿等地的防汛保安全工作准备、落实情况。督促涉及库区采煤的各矿及时总结库区采煤生产、监测等情况。

【预防调解省际水事纠纷】

2014年，落实预防和调处水事纠纷预案，通过水法规宣传、水行政执法、与地方政府及有关部门的沟通协调，掌握河系水事动态，预防和调处水事纠纷，协调处理河南、河北卫河水资源开发工程，无棣、海兴河口码头建设。沿河除个别群众以举报违法行为为名投诉信件、电话之外，没有水事纠纷，河道管理秩序稳定。

【水资源管理工作】

1. 取水许可制度

注重计划用水管理，下发通知，督促取水户报送年度取水总结和下一年度取水计划，完成2014年度取水计划审核工作。

印发《漳卫南局关于加强取水许可监督管理的通知》（漳政资〔2014〕2号），从取水许可监督检查制度、取水许可监督管理档案、取水计划管理、取水许可数据统计、督促取水户依法取水、取水计量、水资源管理执法和宣传等方面提出明确要求；结合各取水口年许可取水量、历年取水情况、所处位置、管理范围等因素，确定岳城水库民有渠等34处重点取水口，建立重点监控名录，强化重点取水口管理（漳政资〔2014〕8号），安排经费对卫河重点取水口取水量进行复核试点工作。

印发《漳卫南局水资源管理工作发展纲要（2013—2020年）与近期工作计划》（漳政资〔2014〕1号），以建立“三条红线”指标体系、建立健全管理制度、严格“三条红线”管理、构建水资源调配工程体系、健全水资源监控体系等工作为主要任务，以加强组织领导、完善管理组织机构、提高科技水平、加强宣传培训等为重要支撑保障，严格用水总量控制、用水效率控制和水功能区限制纳污控制，强化用水需求和用水过程管理，全面提升水资源管理能力。

2. 监测系统建设

针对水资源管控能力不足问题，制定水资源监测管理系统建设工作方案。水资源监测管理系统建设主要包括水量监测系统、水质监测系统、水资源管理系统三个子系统，目的是按照“三条红线”管理要求，健全漳卫南运河水质、水量监测网络，形成较为完善的水资源动态监测体系，建立水资源动态调配平台，全面提升水资源管理能力。通过推进水资源监测管理系统建设，利用水资源经费安排、工程改造等方式开展试点，对军留扬水站、王营盘引水闸等有条件的取水口布设计量设施，实现在线监控；积极开展水资源监测能力建设项目储备、项目跟踪，并争取多渠道推动项目进展，着力提高水资源监控能力。

9 月，对国家水资源监控系统（二期）建设提出建设项目建议。

3. 水资源调查评价

8 月，开展热点地区水资源状况调查，先后查看岳城水库民有渠、漳南渠，魏县军留扬水站等重点取水口的取水情况和正在办理取水许可的宁津县惺悟寨扬水站，并就相关工作与取水户进行座谈，对各用水户取水计划申报、取水情况、用水总结、节水措施以及优化水资源配置进行了深入交流，并对延续申请取水、新办理取水许可进行指导。

11 月，研究制定《漳卫南运河取用水管理实施方案》，通过实施计划用水，规范用水单位取用水行为，实现河道水资源的有效监管；优化配置、科学调度，在协调与平衡水资源保障和供求关系的基础上，使有限的水资源发挥最大效益；切实实现从工程管理向水资源管理的转变，强化河系在水资源管理中的主体地位。制定了《漳卫南运河水资源立体调配工程初步方案》，重点做好引黄入冀补淀工程有关协调工作。

4. 河系取水供水

根据《海委关于南水北调中线一期工程总干渠充水试验有关事项的复函》（海政资函〔2014〕9 号）要求，6 月 5 日开始岳城水库为南水北调中线一期工程总干渠充水试验供水，8 月 27 日供水结束，历时 84 天，累计供水 0.46 亿 m^3。供水期间加强巡查，做好水量调度、水量计量、水质监测等工作。

11 月，研究制定《漳卫南运河取用水管理实施方案》，通过实施计划用水，规范用水单位取用水行为，实现河道水资源的有效监管；优化配置、科学调度，在协调与平衡水资源保障和供求关系的基础上，使有限的水资源发挥最大效益；切实实现从工程管理向水资源管理的转变，强化我局在河系水资源管理中的主体地位。

（1）岳城水库供水。岳城水库累计入库水量 3.28 亿 m^3，出库总量 3.54 亿 m^3，其中通过漳南渠向安阳市供水 0.36 亿 m^3，通过民有渠向邯郸市供水 2.70 亿 m^3，通过民有渠为南水北调中线总干渠充水试验输水 0.48 亿 m^3。

（2）沿河取水口取水。漳卫南运河沿河有 97 个取水口门（含水井）相机取水，均为农业灌溉用水，取水总量为 1.63 亿 m^3。

2014 年累计向沿河地市供水 5.17 亿 m^3。

【水政资源月报制度】

通过《水政水资源月报》将当月水政重要工作、案件查处情况、省际水事纠纷预防、调处情况，岳城水库月蓄水及供水、取水口月取水情况及四女寺枢纽蓄水、过水、沿河水闸蓄水、过水情况在“漳卫南运河网”上发布，截至 2014 年 12 月共发布 130 期。

防汛抗旱

【汛前准备】

4—5月，漳卫南局及局属各单位分别进行防汛检查，对查出的问题逐项分析，确定防洪工作重点，对影响度汛安全的问题提出解决措施或应急方案。涉及地方的防汛问题，分别向有关县、市防指报送汛前检查报告，并向冀鲁豫三省防指报送防汛存在问题的函。

5月，漳卫南局及局属各单位分别建立内部防汛责任制。调整公布防汛组织机构，明确内设单位（部门）的防汛工作职责和领导成员的防汛分工。修订《漳卫南局防汛应急响应工作规程》，并印发执行。5月下旬，印发《关于进一步做好2014年防汛抗旱准备工作的通知》（明传电报漳汛字〔2014〕4号），针对主汛期前需进一步加强的防汛准备工作提出具体要求，包括责任制落实、预案修订、涉河在建工程管理、河道清障等重点内容。7月中旬对各单位准备工作完成情况进行追踪落实。

6月25日，召开2014年防汛抗旱工作会议，总结汛前各项准备工作，对全力做好当年防汛抗旱工作进行安排部署。会后，局属各单位相继召开本单位防汛抗旱工作会，对各自防汛任务进行了重点安排。

主汛期前，查处多起影响防洪安全的河道违章案件。邯郸河务局先后三次联合岳城水库管理局和地方公安执法部门，对漳河无堤段及临漳县境内的违法采砂行为进行查处。岳城水库管理局联合磁县有关部门组成执法组，对库区各类非法旅游项目进行集中清理。

【《漳卫河系洪水调度方案》】

按照《防洪法》和《防汛条例》有关规定，2014年7月28日，国家防总批复《漳卫河洪水调度方案》，同时要求海河防汛抗旱总指挥部，河北、河南、山东、山西四省防汛抗旱指挥部以及水利部海委团结协作、紧密配合，认真落实方案确定的各项任务和措施，共同做好漳卫河洪水调度和防汛抗洪各项工作，确保防洪安全。

新的《漳卫河洪水调度方案》由海委会同河北、河南、山东、山西四省人民政府编制，包括防洪工程状况、设计洪水、洪水调度原则、洪水调度、洪水资源利用、调度权限、附则7章，针对标准内洪水和超标准洪水，以及主汛期、过渡期和后汛期的洪水调度，统筹考虑洪水资源合理利用，确定相关工程的调度任务和调度措施，并细化明确调度权限。

【调度运用】

6月5日12时，岳城水库开始向南水北调中线总干渠充水试验实施补水，截至8月27日18时结束，总计补水0.4607亿m^3。由于入库水量偏少，岳城水库汛期未向漳河河道弃水。

由于上游来水偏少，汛期四女寺枢纽未向下游河道泄水。

【生态补水】

3—4月，漳卫南局作为德州市中心城区生态补水工作成员单位，与地方水利和环保部门密切合作，合理调度局属枢纽水闸工程，共同做好南运河和漳卫新河生态补水的调度工作。

【引黄输水】

为解决河北省衡水、沧州等地用水需求，积极开展引黄输水工作。

2013 年 11 月 7 日—2014 年 1 月 13 日，实施 2013—2014 年度引黄入冀位山线路应急调水，穿卫枢纽累计过水 1.96 亿 m^3。

9 月 17—28 日和 11 月 1 日—12 月 26 日，通过引黄济津潘庄线路四女寺倒虹吸工程分两次实施引黄输水，总计过水 2.68 亿 m^3，两次过水分别为 0.38 亿 m^3 和 2.3 亿 m^3。

2014 年 10 月 20 日—2015 年 2 月 10 日，实施 2014—2015 年度引黄入冀位山线路输水工作，穿卫枢纽累计过水 2.527 亿 m^3。

【漳卫南运河防汛地图信息管理平台研制开发】

年内，漳卫南运河防汛地图信息管理平台研制开发工作全面完成。该系统实现对漳卫南运河防汛地图进行不同比例尺、不同应用功能的统一管理，可以方便快捷的对各类防汛地图进行编辑和打印，能够满足不同用户对地图界面的需求，这是漳卫南局在地图系统管理方面的重要突破。2015 年 1 月，该项目获漳卫南局第一届科学技术进步奖一等奖。

【度汛应急及水毁修复项目管理】

4 月，筛选上报当年度汛应急项目，完成项目入库。5 月 5 日，海委组织项目实施方案审查。本年度汛应急项目包括漳卫南运河防洪预案应急修订、西郑庄闸通信设施应急修复、卫河旧县险工应急处理和卫运河二戈营险段老河槽拦河坝应急加固四项，批复经费 195 万元。截至 12 月底，所有项目已全部完成。

水文工作

【雨情水情】

1. 雨情

汛期（6 月 1 日—9 月 30 日），漳卫南运河流域面平均降雨量为 406.5mm，较 2013 年同期偏少 6.34%，其中，6 月 58.3mm；7 月 110.2mm；8 月 99.9mm；9 月 146.1mm。

2. 水情

汛期，漳卫南运河流域无大洪水过程。漳河观台水文站最大流量出现在 6 月 30 日 8 时，为 22.7m^3/s；卫河元村水文站最大流量出现在 9 月 20 日 8 时，为 61.0m^3/s；卫运河临清水文站最大流量出现在 9 月 23 日 8 时，为 55.9m^3/s。

汛期，岳城水库水位总体趋势走低，无弃水。6 月 1 日 8 时达到最高水位 134.40m，超过汛限水位（134.00m）0.40m。最低水位出现在 9 月 13 日 8 时，为 132.15m。

2014 年 1 月 1 日至 2014 年 12 月 31 日，岳城水库年最高水位出现在 3 月 27 日 8 时，为 138.08m，相应蓄水量 3.067 亿 m^3；年最低水位出现在 9 月 13 日 8 时，为 132.15m，相应蓄水量 1.550 亿 m^3。

【汛前准备】

根据海委水文局《关于开展海委 2014 年汛前水文安全生产检查的通知》（水文〔2014〕17 号）要求，3—5 月，漳卫南局直属水文测站开展了水文安全生产汛前自查，对落实和完善安全生产规章制度，建立测洪、应急预案，排查安全生产隐患，以及水文测报设施及仪器设备安全运行等情况进行了全面检查；漳卫南局水文处对测站自查情况开展了重点抽查，并完成漳卫南局水文数据库备份、水文应用系统升级、计算机网络系统维护，确保水文测验设施设备、水情应用系统运行稳定，保证了水文测报工作安全、正常。

【制度建设】

编制完成《漳卫南局水文防汛检查办法》。办法共分为十章 31 条，包括总则、水文基础设施、水文技术装备、水文报汛系统、安全生产制度、测洪方案及应急预案、水文作业安全、在建工程度汛、安全生产隐患排查、附则等，适用于漳卫南局直属的国家基本水文测站、专用水文测站和水质监测站。8 月，制定印发《漳卫南局水文应急监测预案（试行）》，明确了水文应急监测原则、组织与职责、运行机制、应急保障、应急监测方案等。

【项目前期工作】

1. 可行性报告编制

依据《全国水文基础设施建设规划（2013—2020）》（发改农经〔2013〕2457 号）及海委有关要求，开展建设项目技术文件编写工作。经现场查看及分析、咨询，完成了穿卫枢纽水文站改建，祝官屯、西郑庄、牛角峪 3 个水位站建设，以及漳卫南局水文巡测设备购置建设可行性研究报告的编报工作，估算投资 760.02 万元。

申报“漳河及岳城水库水源地水资源实时监测工程”和“海河流域水环境监测中心水资源监测能力建设及五处自动监测站改建”项目，已经水利部批复立项。项目涉及漳河观台、岳城水库坝上、卫河龙王庙自动监测站，以及漳卫南运河水环境分中心实验室监测设备建设。

2. 项目储备

依据《水利部预算项目储备管理暂行办法》（水财务〔2012〕498 号）及有关要求，水文处按照《水文业务定额标准》（水财经〔2007〕561 号）对漳卫南局水文测报业务 2016 年新增经费需要进行了测算，测算新增经费 33.40 万元（为四女寺引黄和第三店专用水文站业务开展所需经费），完成了 2016 年海河流域水文测报项目入库储备申报工作。

【岳城水库水文站改建通过竣工验收】

2014 年 4 月，岳城水库水文站改建工程通过海委组织的竣工验收。该工程由海委 2010—2011 年水文水资源工程岳城水库水文站改建项目总投资 181 万元，主要建设内容为改建生产业务用房 625m² 及附属设施；购置 ADCP、GPS（1+2）、测深仪等各 1 台（套），流速仪 3 台、空调 2 台、台式计算机 6 台。工程于 2011 年 8 月开工，2012 年 8 月完工。

【辛集水文巡测设施设备建设工程】

2014 年 5 月 19 日，海委下达海委水文基础设施 2013—2014 年度应急建设工程辛集水文巡测设施设备建设工程投资计划 388 万元（海规计〔2014〕25 号）。2014 年 6 月 2 日，漳卫南局印发《关于下达海委水文基础设施 2013—2014 年度应急建设工程辛集水文巡测设施设备建设工程投资计划的通知》（漳计〔2014〕10 号），下达投资 388 万元，其中：建筑工程费 103.74 万元、设备购置费 245.23 万元、独立费用 27.92 万元、基本预备费 11.11 万元。该工程主要建设内容包括：辛集、罗寨、王营盘、吴桥、袁桥水位站闸上、闸下分别建设断面桩 10 个；校核水准点 10 个；保护标志 10 个；直立式水尺 10 组，共 120 根；雷达水位计支架 10 处；雷达水位计防雷设施 10 处；测站标牌 5 个；水位观测道路 10 处。配置雷达水位计及太阳能电池板各 10 台（套）、测船 1 艘、流速仪 5 台、流速直读仪 2 台、铅鱼 5 个、GPS（1+2）1 套、走航式 ADCP 1 套、电波流速仪 1 套、抢险照明灯 5 个、电动水文绞车 1 台、水准仪 1 架、双频测深仪 1 套、全站仪 1 套、RTU 及附属配套设备 10 套、GSM/GPRS 通信终端 10 套、对讲机 2 对、计算机 4 台、电话 2 部、传真机 1 台、便携式计算机 1 台、打印机 2 台、UPS 不间断电源 1 台、数码相机 1 台、救生衣 15 件、雷达水位计自动测报整合软件 1 套，生产用车 1 辆。漳卫南为工程项目法人，漳卫南局水文建设项目管理办公室负责工程的建设管理工作。2014 年 5 月 12 日，海委下达投资计划到位通知单。5 月 19 日，在中国采购与招标网、水信息网、天津市水务工程建设交易管理中心网、天津普泽工程咨询有限责任公司网同时发布招标公告。6 月，与中标单位德州鬲津水利有限公司、河南黄河水文科技有限公司分别签订辛集水文巡测设施设备建筑工程和辛集水文巡测设施设备采购及安装工程合同。12 月 25 日，辛集水文巡测设施设备建设工程完工验收，完成投资 388 万元。

【水文统计】

年内，按照水利部部署及海委要求，先后对漳卫南局 2013 年水文站网、设施设备、人员机构及经费等情况进行了核查统计，对漳卫南局直属水文站、水位站、水质站等基础信息进行了核查，完成了水文站基础信息调查表、水位站/水位观测项目基础信息调查表、雨量站/降水观测项目基础信息调查表、蒸发站/蒸发观测项目基础信息调查表、水质站/

水质观测项目基础信息调查表、水文（位）站历史沿革调查表、水文（位）站、水文勘测队主要设施设备调查表的填报工作。按照财政部要求，完成事业单位国有资产产权登记工作。

截至 2013 年 12 月 31 日，漳卫南局水文固定资产总额 1510.98 万元，在职人员 53 人、离退人员 5 人，基本支出经费 479.37 万元、水文测报项目经费 149 万元、水质监测费 50 万元、防汛费 5 万元，人均事业费 11.78 万元。

截至 2013 年 12 月 31 日，水文处国有资产总额为 662.85 万元，其中房屋 392.49 万元，通用设备 240.31 万元，专用设备 28.12 万元，家具、用具 0.17 万元。此次国有资产产权登记，漳卫南局财务处将水文处国有资产移交水文处管理。

【站网管理】

结合水利部等十部委联合出台的《实行最严格水资源管理制度考核工作实施方案》，漳卫南局增加监测任务。水质监测断面设置总数为 24 个，其中：省界断面 11 个、水源地断面 2 个、水功能区断面 11 个，较 2013 年增加了 7 个，覆盖了漳卫南局管辖范围所有的二级水功能区；监测频次由部分断面 1 次/2 月，调整到全部断面 1 次/月。为更好地发挥两测站的功能，确保水文测报业务正常开展，2 月，漳卫南局向海委提交报告申请设立四女寺引黄水文站、第三店水文站为水资源监测专用水文站。

按照《水环境监测规范》（SL 219—2013）要求，严格水质监测工作程序和质量控制；改造实验室设施，加强实验室安全管理，实验室能力通过了国家认监委和水利部水文局组织的验证考核。

【水文测验】

加强漳卫南局直属水文测站水文测验管理，按照海委下达的《海委系统水文测站任务书》（海水文〔2013〕3 号）梳理测验项目的观测时间、测次、测法和测验规定；普通测量及仪器比测率定、保养检校的有关要求；水文资料在站整编一般规定等。

7 月，完成岔河张集桥、减河东方红公路桥、漳卫新河沟店铺公路桥、漳卫新河埕口公路桥 4 处巡测断面水尺修复、水尺零点高程复核测量工作。

【水质监测】

强化水质监测管理，建设专用仪器库和试剂储备库，做到标识清晰、状态良好。

按照海河流域水环境监测中心《2014 年水质监测任务书》要求，完成 24 个常设断面的水质监测工作。根据海河流域水环境监测中心安排，完成漳河上游局 11 个省界断面的水质监测任务。监测成果符合要求，报送海河流域水环境监测中心。

对管辖范围排污口开展水质水量监测工作，对发现的水污染和疑似水污染进行监测，服务水资源保护、水功能区监督管理工作。

【水文资料整编】

2 月，依据《水文资料整编规范》（SL 247—2012），组织开展漳卫南局 2013 年度水文资料整编审查工作。对岳城水库水文站、穿卫枢纽水文站、四女寺引黄水文站和各拦河闸水位站水文资料进行整编。参加 2013 年度海委委属水文资料整编审查，提交岳城水库水文站和穿卫枢纽水文站整编成果。

按照《海河流域水质资料整编规定》，对2013年度水质常规监测、岳城水库水污染跟踪监测、排污口监测以及减河公益项目监测资料进行在站整编，提交《海河流域水环境监测中心漳卫南运河分中心2013年度水质资料整编》成果。

【漳卫南运河历史水文数据库建设（一期）】

为进一步完善漳卫南运河水文信息数据库，提高河系洪水预报的精度，对1951—1991年间、2006—2011年间的水文资料进行收集、整理。按照水文行业标准《实时雨水情数据库表结构及标识符》（SL 323—2011）建立数据库表结构，将收集整理的历史数据录入水文数据库，完成漳卫南运河历史水文数据库（一期）建设。

【水文测报项目管理】

按照上级统一部署，水文处对水利部中央级预算海河流域水文测报项目2013年执行情况进行总结。项目按照海委批复的实施方案全部完成。2月，项目通过漳卫南局组织的行政事业类项目验收；6月，通过海委组织的行政事业类项目总体验收。

【水资源监测】

1. 引黄入冀位山线路应急调水

2013—2014年度引黄入冀位山线路应急调水自2013年11月7日8时穿卫枢纽提闸过水至2014年1月13日8时关闭，历时68天，累计过水总量1.959亿m^3。期间，穿卫枢纽水文站完成水位观测160次，流量测验50次，泥沙测验75次，报送水情报文164份。

2. 引黄入冀潘庄线路应急调水

2014年，先后两次经引黄入冀潘庄线路向沧州市应急调水：

第一期调水自2014年9月17日8时四女寺倒虹吸出口闸提闸过水至2014年9月28日16时关闸，历时12天，倒虹吸出口断面累计过水量0.385亿m^3，省界第三店断面累计过水量0.372亿m^3。期间，在倒虹吸出口断面进行水位观测62次，流量测验25次，泥沙测验12次，报送水情报文26份；在省界第三店断面进行水位观测61次，流量测验24次，泥沙测验11次，报送水情报文24份。

第二期调水自2014年11月1日16时倒虹吸出口闸提闸过水至12月31日16时关闸，历时61天，倒虹吸出口断面累计过水量2.40亿m^3，省界第三店断面累计过水量2.36亿m^3。期间，在倒虹吸出口断面水位观测241次，流量测验121次，泥沙测验61次，报送水情报文110份；在第三店断面进行水位观测240次，流量测验119次，泥沙测验61次，报送水情报文108份。

3. 岳城水库供水

2014年，岳城水库向邯郸、安阳两市供水3.28亿m^3（其中邯郸2.89亿m^3，安阳0.388亿m^3），完成水位观测1095次，流量测验45次，报送水情报文1150份。

【水文情报预报】

1. 水情报汛

加强报汛工作管理，做好水情报汛系统及水情信息交换系统的运行维护。直属测站严格按照海委下达的《2014年报汛任务书》（办水文〔2014〕1号）要求开展报汛工作。汛期，岳城水库、穿卫枢纽水文站 15 分钟到报率 100%。截至 12 月 31 日，直属测站报送水情报文 2774 份，做到不迟报、不错报、不缺报、不漏报。

2. 水文预报

汛期，密切监视漳卫河系雨情、水情，关注台风信息，开展水情分析预报，完成《漳卫南运河水情信息》92 期，《水情预测预报分析》3 期，洪水预报作业 35 次，预报的时效性和质量满足防洪调度的需要。

【建设项目水资源论证】

按照取水许可申请的相关规定，2014 年 3 月，水文处（水利部海委漳卫南运河管理局水文处建设项目水资源论证乙级资质，证书编号：水资源论证乙字第 03713048 号）受山东省德州市宁津县国土资源局委托，对宁津县悝悟寨提水站取水工程建设项目进行水资源论证。经资料收集、现场查勘、分析论证和专家咨询，5 月，完成了建设项目水资源论证报告表初稿，报漳卫南局、海委进行初步审查。6 月，完成建设项目水资源论证报告表的修改。8 月，宁津县悝悟寨提水站取水工程建设项目水资源论证报告表通过海委审查，为取水许可管理提供了决策依据。

【高效固化微生物综合治理河道污水技术的示范与推广】

高效固化微生物综合治理河道污水技术的示范与推广项目为水利部科技推广项目。高效固化微生物技术是一种生物—生态方法修复污染水体的技术，其原理是利用培育的生物或培养、接种的微生物的生命活动，对水中污染物进行转移、转化及降解，从而使水体得到恢复。项目于四女寺节制闸下 600m 南运河段设试验区，安排 2 年试验期，总处理水量 300 万 m^3，达到预期效果后，在漳卫南运河逐步推广应用。2014 年项目在四女寺节制闸下南运河段建立了 600m 试验区，采用复合酶、净水剂、抑藻剂等生物菌剂与浮台、水下森林、曝气机等组合使用的生物生态综合治理技术将超标的氨氮、高锰酸盐指数、总磷等参数处理到Ⅳ类标准，达到设计指标要求，处理污水总量 202.5 万 m^3。

【岳城水库主汛期水位动态控制研究】

承担《岳城水库主汛期水位动态控制研究》课题的部分工作任务。7 月，完成降雨预报成果可利用性和洪水预报方案可利用性分析。8 月，漳卫南局对岳城水库主汛期水位动态控制研究项目进行预验收，由水文处承担的工作通过验收审查。

【水文队伍建设】

4 月，组织举办了水文测报新技术新设备应用培训班。5 月，组织召开漳卫南局 2014 年水文测报技术交流会。参加新的《水文资料整编规范》《水环境监测规范》宣贯培训，以及海委系统水文测验与安全技术、城市水系规划及河道综合治理等培训。

5 月，在岳城水库组织进行了突发性水污染事件应急监测演练。7 月，在漳卫新河组织进行水文应急监测演练，积累实战经验。

6 月，漳卫南局调整了水文巡测中心人员，组建水质监测组和 4 支水文测验组，成员包括：漳卫南局水文处、岳城水库水文站、穿卫枢纽水文站、四女寺引黄水文站、水闸局水文中心人员，保证突发水事件的应急处置需要。

水资源保护

【水功能区管理】

依据《水法》和《水功能区管理办法》，漳卫南局组织开展漳卫南运河水功能区监督检查，建立监测与管理互动机制，加大水功能区监管力度。要求直管单位对本辖区内水功能区、入河排污口、重要水质断面进行巡查，并将巡查结果记录在案。组织开展了局辖范围内重点入河排污口、重要支流口水质水量监测，掌握管辖范围内入河排污口设置状况，完善入河排污口管理档案，完成3次野外水质水量监测，编制完成《海河流域漳卫南局管入河排污口监督性监测成果报告》。

【工作体系建设】

对“水功能区监督管理、入河排污口监督管理、饮用水源地监督管理、水污染月报，档案管理、项目管理”6个方面的工作作了详细规定，制定水资源保护巡查制度、报告制度、监督制度、考核制度，形成一整套水资源保护记录档案资料。

【岳城水库水源地保护】

5月中旬，与海河水保局，河北省和河南省环保、水利部门联合对岳城水库水源地安全保障达标建设工作进行检查。

完成《岳城水库饮用水水源地安全保障达标建设自评报告》。内容包括岳城水库重要饮用水水源地基本情况、达标建设工作开展情况、安全保障达标评价结果、年际变化状况，2013年岳城水库污染事件经验总结，岳城水库存在的主要问题及工作建议。

【突发水污染事件应急管理】

为落实《水利部办公厅关于做好突发水污染事件防范保障供水安全工作的通知》精神，漳卫南局要求各相关单位要认真开展管辖范围水污染事件月报工作，对本辖区当月发生的突发性水污染事件进行统计分析，月报实行零报告制度。

11月，举办水功能区监督管理座谈会暨培训会，并给基层局印发《应对突发水污染事件技术手册》，增加基层水保人员的应急知识储备，提高应急能力。参加海河水保局举办的应对突发水污染事件应急演练，积累应对突发水污染事件经验，保障应急工作能够及时、有效的开展。

【《Excel 2007 水质监测评价系统》】

《Excel 2007 水质监测评价系统》是由多种评价表组成，该系统能对大量的水质监测数据进行汇总并自动运算评价，通过简单操作就能得出水质评价结果，判断出水功能区水质是否达标，操作步骤简单，评价结果快速准确，能够有效提高水质资料整编的效率。该系统由漳卫南局职工姜荣福编制。2014年12月，在海委组织的2013年海河流域片水质资料评审会议上，该系统得到了来自水利部相关司局，黄河、珠江、松辽、太湖流域水环境监测中心及北京市、天津市相关单位专家和代表的肯定与好评。该系统已在海委系统推广应用。

综合管理

【财务管理】

1. 预算编制

3—4 月，对漳卫南局参公在职及离退休人员 2015 年规范津贴补贴新增经费进行测算。12 月，在职参公人员 2012 年政策、离退休人员 2013 年政策到位，经费追加。

2014 年，按季度分四批进行 2016 年项目储备工作，申报了“海河流域水文测报”“海河流域水政执法监督”“岳城水库年度水量调度方案编制与实施”“岳城水库以下漳河无堤段管理范围勘定”“漳卫南运河四女寺南进洪闸、节制闸工程安全鉴定”“漳卫南运河辛集水闸工程安全鉴定”“水利部海委漳卫南运河四女寺枢纽工程管理局房屋维修”“水利部海委漳卫南运河沧州河务局房屋维修”“国家水资源监控能力建设项目（海委部分）试运行维护（漳卫南局部分）”9 个项目的入库。

5 月，海委批复漳卫南局 2014 年部门预算，核定漳卫南局 2014 年预算收入 28830 万元（含财政拨款 19335.55 万元）；预算支出 28830 万元（含财政拨款 19335.55 万元），其中基本支出 16294.03 万元（含财政拨款 8614.96 万元），项目支出 11457.72 万元（含财政拨款 10720.59 万元）。7 月和 11 月，编制漳卫南局 2015 年“一上”和“二上”部门预算。

2. 预算执行

（1）资金支付。克服不利因素，降低基本建设和水利基金对预算执行考核工作的影响。2014 年底资金支付率 100%，完成全年的支付任务。

（2）项目绩效考评及验收。1 月，完成了水利部绩效考评项目海河流域防汛及海河流域水质监测的验收及绩效考评工作；4—5 月，组织完成了非水利部绩效考评行政事业类项目的自验并通过了海委组织的验收。

3. 财务检查

1—3 月，针对中介机构对漳卫南局 2012 年至 2013 年维修养护经费专项检查中发现的问题进行整改落实。8—9 月，按照《水利部办公厅关于转发深入开展贯彻执行中央八项规定严肃财经纪律和“小金库”专项治理工作的方案的通知》（办财务〔2014〕159 号）要求及海委部署，漳卫南局开展“小金库”专项治理整改落实工作。12 月，按照《水利部办公厅关于开展 2014 年预算执行和财务收支情况检查工作的通知》（办财务函〔2014〕1276 号）要求及海委部署，漳卫南局成立预算执行与财务收支情况检查工作领导小组，开展 2014 年预算执行和财务收支检查。

4. 人员培训

5 月 28—29 日，举办预算管理业务培训班。就预算管理、行政事业类项目管理、“三项机制”建设、固定资产管理及近几年审计工作中存在问题进行了培训。9 月 12 日，举办 NC 系统业务培训班。

5. 政府采购

2014 年，加强建设项目管理，对达到限额标准的工程、设备和劳务，严格履行公开招标、邀请招标或其他政府采购规定的程序。对日常公用经费和事业类项目政府采购，加强政府采购预算管理，未发生违规采购现象。

6. 资产管理

根据《水利部办公厅关于开展事业单位及所办企业国有资产产权登记与发证工作的通知》（办财务函〔2014〕98号）要求，进行事业单位占有国有资产产权登记申报和事业单位所办企业产权登记申报。7月，完成漳卫南局水电集团公司收购德州高斯科技有限公司的前期准备工作。根据《水利部关于加强事业单位投资企业监督管理的意见》（水财务〔2014〕503号）要求，制定漳卫南局投资企业清理整合工作方案。年内，完成漳卫南局拟处置资产资料的整理、审核、上报工作，2014年全局拟处置资产1482.72万元。

7. 基建管理

2014年上半年对漳卫南局基建项目进行了清理，报批竣工项目财务决算11个，其中，“漳卫新河治理东光南皮微波通信塔迁建”“岳城水库职工饮水工程”“四女寺职工饮水工程”“临漳危房改建工程”“故城危房改建工程”“漳卫南局基层单位水电暖及配套设施改建”“2013年水政监察基础设施建设”“2010—2011年水文水资源工程”8个海委审批项目均已批复；“岳城水库除险加固”“漳河重点险工整治工程”“GEF海河流域水资源与水环境综合整治”3个水利部审批项目尚未批复。

8. 财务审计

年内，对漳卫南局综合事业处、水文处的预算执行情况进行审计，对卫河河务局、邯郸河务局、邢台衡水河务局和沧州河务局4个单位进行离任经济责任审计，对岳城水库管理局、水闸管理局主要负责人进行任中经济责任审计。6月受海委委托，对漳卫南局特大防汛费及水雨毁工程进行审计，对漳卫南局水政经费进行审计。3月，以采砂收入、养护公司投资收益、事业人员被企业聘用取得劳务收益、堤防绿化收入、资产租赁收益等收入情况为重点，对邯郸河务局2013年事业收入及支出情况进行调研。

【人事管理】

1. 人事任免

（1）处级干部任免。

处级干部任免表

时间	文号	姓名	任职	免职
2014年2月13日	漳任〔2014〕1号	韩朝光	水文处副处长	
	漳任〔2014〕2号	李焊花	财务处调研员	财务处副处长
2014年4月21日	漳任〔2014〕3号	高虎成	邯郸河务局调研员	邯郸河务局副局长
	漳任〔2014〕4号	吴怀礼	聊城河务局调研员	聊城河务局副局长
	漳党〔2014〕17号	高虎成		中共邯郸河务局委员会委员
2014年4月22日	漳党〔2014〕18号	吴怀礼		中共聊城河务局委员会委员
	漳任〔2014〕5号	陈正山	岳城水库管理局副局长	
		张玉东	岳城水库管理局调研员	
		饶先进	沧州河务局局长	

续表

时　间	文　号	姓名	任　　职	免　　职
2014年4月30日	漳任〔2014〕6号	王　斌		沧州河务局局长
	漳任〔2014〕7号	王　斌	邢台衡水河务局局长	
		饶先进		邢台衡水河务局局长
		张德进	邯郸河务局局长	
	漳任〔2014〕8号	张安宏	邯郸河务局副局长	
		耿建国		邯郸河务局局长
		李　靖	卫河河务局局长	
		尹　法	卫河河务局副局长	
	漳任〔2014〕9号	张安宏		卫河河务局局长
		陈正山		卫河河务局副局长
		耿建国	监察（审计）处调研员	
		张德进		办公室副主任
	漳任〔2014〕10号	李　靖		人事处（离退休职工管理处）副处长
		尹　法		防汛抗旱办公室副主任
		张安宏	中共邯郸河务局委员会书记	
	漳党〔2014〕19号	张德进	中共邯郸河务局委员会副书记	
		耿建国		中共邯郸河务局委员会书记
		尹　法	中共卫河河务局委员会书记（试用期一年）	
	漳党〔2014〕20号	李　靖	中共卫河河务局委员会副书记	
		陈正山		中共卫河河务局委员会书记
		张安宏		中共卫河河务局委员会副书记
	漳党〔2014〕21号	王　斌	中共邢台衡水河务局委员会书记	
		饶先进		中共邢台衡水河务局委员会书记
	漳党〔2014〕22号	陈正山	中共岳城水库管理局委员会书记	
		张玉东		中共岳城水库管理局委员会书记
	漳党〔2014〕23号	饶先进	中共沧州河务局委员会书记	
		王　斌		中共沧州河务局委员会书记
		段百祥		中共德州水利水电工程集团有限公司委员会副书记

续表

时间	文号	姓名	任职	免职
2014年6月27日	漳人事〔2014〕25号	宫学坤		中共德州水利水电工程集团有限公司委员会委员
		段百祥		中共德州水利水电工程集团有限公司委员会副书记
2014年6月30日	漳党〔2014〕31号	宫学坤		中共德州水利水电工程集团有限公司委员会委员
	漳任〔2014〕11号	万　军	德州水利水电工程集团有限公司副总经理	
2014年7月2日	漳党〔2014〕32号	万　军	中共德州水利水电工程集团有限公司委员会委员	
2014年7月24日	漳党〔2014〕34号	刘志军		中共防汛机动抢险队委员会书记
2014年8月1日	漳人事〔2014〕29号	刘志军		防汛机动抢险队队长
	漳任〔2014〕12号	刘志军	水利部漳卫南局德州水利水电工程集团有限公司总经理	
2014年12月5日	漳党〔2014〕50号	刘志军	中共水利部漳卫南局德州水利水电工程集团有限公司委员会书记	
2014年12月15日	漳任〔2014〕14号	陈　萍	局办公室副调研员	
		赵爱萍	财务处副调研员	

（2）科级干部任免（局机关）。

科级干部任免表

时间	文号	姓名	任职	免职
2014年1月24日	漳人事〔2014〕5号	吕笑婧	计划处计划科科员	
		肖海玲	人事处劳动工资科科员	
		谭林山	水保处规划评价科科员	
		张华雷	监察（审计）处监察科科员	
		王　颖	机关党委（工会）办公室科员	
		步连增	办公室秘书科主任科员	
		郭恒茂	办公室宣传科主任科员	
2014年12月9日	漳任〔2014〕13号	马元杰	计划处规划科主任科员	
		史振华	财务处机关财务科主任科员	
		王　勇	建设管理处工管科主任科员	

2. 临时机构设置与调整

（1）漳卫南局机关及直属事业单位妇女委员会。2014年1月14日，漳卫南局印发《漳卫南局关于成立机关及直属事业单位妇女委员会的通知》（漳人事〔2014〕4号），决定成立漳卫南局机关及直属事业单位妇女委员会。

主　任：罗　敏

委　员：罗　敏　王　丽　王丽君　程　芳　李　红　王艳红　戚　霞

(2) 高效固化微生物综合治理河道污水技术的示范与推广项目领导小组。2014 年 5 月 27 日，漳卫南局印发《漳卫南局关于成立高效固化微生物综合治理河道污水技术的示范与推广项目领导小组的通知》(漳人事〔2014〕176 号)。

组　长：张胜红

副组长：张克忠　靳怀堾

常务副组长：徐林波

顾　问：林　超

成　员：杨丹山　张润昌　张晓杰　刘晓光　裴杰峰　李　勇

领导小组下设"高效固化微生物综合治理河道污水技术的示范与推广"项目组，负责项目具体实施。成员如下：

项目负责人：张　宇

技术负责人：韩朝光

项目组成员：刘晓光　裴杰峰　孙雅菊　史振华　姜荣福　谭林山　郭玉雷　吴晓楷
杨泳凌　唐曙暇　魏荣玲　薛兆荣　高园园　李志林　杨苗苗　杨泳鹏

(3) 防汛抗旱组织机构。2014 年 5 月 27 日，漳卫南局印发《漳卫南局关于调整 2014 年防汛抗旱组织机构的通知》(漳人事〔2014〕17 号)，对 2014 年防汛抗旱组织机构进行调整。调整后的防汛抗旱组织机构如下：

1) 局防汛抗旱工作领导小组。

组　长：张胜红

副组长：张永明　张克忠　靳怀堾　李瑞江　徐林波　张永顺　李　捷

成　员：李怀森　李学东　陈继东　张启彬　杨丹山　姜行俭　张　军　张晓杰
刘晓光　杨丽萍　边家珍　裴杰峰　徐晓东　赵厚田　周剑波

2) 河系（水库）组及职能组。

①河系（水库）组。

卫河组

组　长：陈继东

副组长：曹　磊

成　员：主要由计划处人员组成

漳河组

组　长：张启彬

副组长：李孟东

成　员：主要由水政水资源处人员组成

卫运河组

组　长：张　军

副组长：张保昌　张润昌　刘纯善

成　员：主要由建设与管理处人员组成

南运河、漳卫新河（含四女寺枢纽）组

组　长：刘晓光

副组长：张　宇

成　员：主要由水资源保护处人员组成

岳城水库组

组　长：赵厚田

副组长：石评杨

成　员：主要由综合事业处人员组成

②职能组。

综合调度组

组　长：张晓杰

副组长：王炳和　梁文永

成　员：主要由防汛抗旱办公室人员组成

情报预报组

组　长：裴杰锋

副组长：孙雅菊　韩朝光

成　员：主要由水文处人员组成

通信信息组

组　长：徐晓东

副组长：何宗涛　刘　伟

成　员：主要由信息中心人员组成

物资保障组

组　长：杨丹山

副组长：李焊花

成　员：主要由财务处人员组成

宣传报道组

组　长：李学东

副组长：刘书兰

成　员：主要由办公室人员组成

防汛动员组

组　长：边家珍

副组长：罗　敏

成　员：主要由直属机关党委（工会）人员组成

后勤保障组

组　长：周剑波

副组长：史纪永　杨增禄

成　员：主要由后勤服务中心人员组成

检查督导组

组　长：姜行俭

副组长：王德利

成　员：主要由人事处人员组成

监察审计组

组　长：杨丽萍

副组长：段忠禄　耿建国　王纯静

成　员：主要由监察（审计）处人员组成

专家组

组　长：徐林波（兼）

副组长：李怀森

成　员：主要由计划处、建管处、防办、信息中心等部门（单位）人员组成。

顾问组

组　长：宋德武

副组长：史良如　毛庆龄

成　员：主要由退休有防汛经验的专家领导组成

防汛抗旱办公室

主　任：张晓杰

副主任：王炳和

总　工：梁文永

（4）漳卫南局水文巡测中心。2014 年 6 月 9 日，漳卫南局印发《漳卫南局关于调整水文巡测中心组成人员的通知》（漳人事〔2014〕22 号），对“漳卫南局水文巡测中心”人员作如下调整：

主　任：裴杰峰

副主任：孙雅菊　韩朝光　王国杰　李永宁　吴怀礼　石　屹

综合组：吴晓楷　魏凌芳　段信斌　徐　宁　朱志强　杨泳凌　程　芳

水质监测组：唐曙暇　薛兆荣　魏荣玲　高园园　李志林　杨苗苗

测验一组：邱振荣　张　森　徐泽勇　刘邑婷

测验二组：赵建永　孙梧棣　杨　昭　冯立革

测验三组：迟世庆　邓　伟　马　斌　赵庆阁

测验四组：金松森　魏　序　王圣涛　张云松

（5）水文建设项目管理办公室。2014 年 7 月 4 日，漳卫南局印发《漳卫南局办公室关于调整漳卫南局水文建设项目管理办公室组成人员的通知》（办人事〔2014〕6 号），对漳卫南局水文建设项目管理办公室人员进行调整：

主　任：裴杰峰

副主任：孙雅菊　韩朝光

成　员：陈　萍　刘培珍　位建华　史振华　刘　群　吴晓楷　魏凌芳　段信斌
　　　　徐　宁　朱志强　杨泳凌　程　芳　唐曙暇　薛兆荣　魏荣玲　李志林

高园园　杨苗苗

（6）漳卫南运河水利工程建设管理局。2014 年 8 月 28 日，调整漳卫南运河水利工程建设管理局（漳人事〔2014〕35 号）：

法人代表、局长：张永顺

常务副局长：石评杨

副局长：王炳和

总　工：谢　玲

综合处　处　长：李永波

副处长：田　伟　杜　军

成　员：陈　萍　夏洪冰　阮荣乾

计划处　处　长：王炳和（兼）

副处长：李洪德

成　员：孙　磊　秦何聪

技术处　处　长：谢　玲（兼）

副处长：祁　锦　黄明君

安全处　处　长：曹　磊

成　员：史振华

财务处　处　长：王国杰

（7）节能减排工作领导小组。2014 年 9 月 16 日，成立节能减排工作领导小组（漳人事〔2014〕40 号）：

组　长：张胜红

副组长：张永明　张永顺

成　员：李学东　杨丹山　姜行俭　张　军　张润昌

（8）深化水利工程管理体制改革工作领导小组。2014 年 10 月 10 日，成立深化水利工程管理体制改革工作领导小组（漳人事〔2014〕46 号）：

组长：张永顺

成员：李学东　陈继东　杨丹山　姜行俭　刘晓光　杨丽萍　边家珍　徐晓东　赵厚田　周剑波

（9）漳卫南局关心下一代工作委员会。2014 年 11 月 26 日，成立漳卫南局关心下一代工作委员会（漳党〔2014〕49 号）：

主　任：靳怀堵

副主任：边家珍

成　员：李学东　杨丹山　姜行俭　周秉忠　武步宙　韩君庆

3. 德州水利水电工程集团有限公司内设机构及人员控制数

2014 年 9 月 16 日，漳卫南局批复德州水利水电工程集团有限公司内设机构及人员控制数（漳人事〔2014〕439 号）：公司内设综合部（党委办公室）、工程部、财务部、人事部、监察审计室。德州水利水电工程集团有限公司编制总数为 40 名，其中：综合部（党委办公室）人员编制 7 名。工程部人员编制 16 名。财务部人员编制 6 名。人事部人员编制4名。监察审计室人员编制2名。德州水利水电工程集团有限公司党委领导班子职数5名，其中书记1名、委员4名。行政领导班子职数5名，其中董事长兼总经理1名、副总经理4名。领导职数包含在总编制数中。

4. 职工培训

8名局级干部参加中国网络干部学院的网络学习，95名处级干部参加中国水利教育培训网网络学习。漳卫南局共举办各类培训班23个，参加培训人数达4000多人次；选送120余人参加水利部、海委及地方举办的各类培训班。选送2名局级干部分别参加了2013年秋季第61期中央党校厅局级进修班、第1期厅局级干部加强党性修养专题培训班学习，选派1名处级干部参加水利部党校2013年秋季学期处级干部进修班。选派80余名处级干部参加水利部及海委举办的各类培训班。

5. 人员变动

漳卫南局行政执行人员编制596名。2014年，招录参照公务员法管理人员6人，退出参照公务员法管理人员6人，其中3人退休（赵志忠、黄静、李彦芳），1人到海委任职（张克忠），1人到事业单位任职（韩朝光），1人到企业任职（万军）。截至2014年12月31日，漳卫南局参照公务员法管理人员465人。

6. 干部交流

（1）2014年9月，岳城水库管理局工管科科长孙建义到新疆兵团防总办公室挂职一年半。

（2）2014年12月，无棣河务局科员张洪泉到国家发展改革委员会价格司挂职一年。

7. 职称评定与工人技术等级考核

（1）2014年8月14日，漳卫南局印发《漳卫南局关于公布、认定专业技术职务任职资格的通知》（漳人事〔2014〕32号），经海委高级工程师任职资格委员会通过，《海委关于批准高级工程师、工程师任职资格的通知》（海人事〔2014〕34号）批准，任重琳、毛贵臻、刘洁具备高级工程师任职资格，张南、雷利军、周海军、刘丽英、朱长军、李小英、伊清岭、孟跃晨、王玲、张雪梅、徐宁具备工程师任职资格。以上人员相应任职资格取得时间为2014年6月9日。

经漳卫南局认定，孟庆黎、程芳自2014年7月1日起具备工程师任职资格。

（2）赵斌、范怡海通过2013年度德州市工人技术等级考核，取得相应级别资格，详见下表：

序号	姓名	工种名称	考核级别名称	单位
1	赵斌	汽车驾驶员	高级	德州局
2	范怡海	汽车驾驶员	高级	抢险队

8. 表彰奖励

2014年2月11日，漳卫南局印发《漳卫南局关于表彰2013年度机关工作人员的决定》（漳人事〔2014〕8号），耿建国、张华、魏强、饶先进、赵轶群、张同信、张玉东、倪文战、梁存喜、张朝温2013年度考核确定为优秀等次，予以嘉奖。刘长功、李勇2011—2013年连续三年考核被确定为优秀等次，记三等功一次。

2014年2月11日，漳卫南局印发《漳卫南局关于表彰2013年度优秀机关工作人员的决定》（漳人事〔2014〕7号），张启彬、杨丹山、张军、王孟月、戴永祥、刘群、李才德2013年度考核确定为优秀等次，予以嘉奖。姜行俭、李靖、杨丽萍、王丽、刘培珍、任重琳2011—2013年连续三年考核被确定为优秀等次，记三等功一次。

【水利经济管理】

1. 水利风景区建设

2013年1月至3月，清华大学水沙科学与水利水电工程国家重点实验室、中国城市规划设计研究院、北京新华水汇城乡规划设计院受漳卫南局邀请派遣有关专家对岳城水库、四女寺枢纽、德州市九龙湾公园、减河（德州市区）及岔河水利风景区进行现场踏查，并对以上风景区设计定位、规划等课题向漳卫南局党委班子进行汇报，双方对规划大纲及详细设计等方面进行探讨。

2. 水价调整

9月1日，国家发展和改革委员会印发《关于调整部分中央直属水利工程供水价格及有关事项的通知》（发改价格〔2014〕2006号），决定自2015年1月1日起，漳卫南局所属拦河闸供农业用水价格调整为0.04元/m^3，供非农业用水价格调整为0.08元/m^3。

【党群工作】

1. 党风廉政建设

年内，制定《漳卫南局2014年党风廉政建设和反腐败工作意见》《中共漳卫南局党委关于进一步落实党风廉政建设主体责任的意见》《中共漳卫南局党委领导干部落实“一岗双责”的实施办法（试行）》《漳卫南局贯彻落实〈建立健全惩治和预防腐败体系2013—2017年工作规划〉实施方案》和《漳卫南局党风廉政建设责任制考核办法》等规章制度，落实水利部党组党风廉政建设责任追究、礼品登记处置、廉政承诺、报告和约谈等一系列规章制度。实行党风廉政建设责任签字背书，25个部门和单位与局党委签订责任书，局党委成员与领导班子主要负责人签订承诺书，各部门、各单位班子成员与主要负责人签订承诺书。先后召开全局党风廉政建设工作会议、党风廉政建设主体责任座谈会，研究部署党风廉政建设和反腐败工作任务，全面落实主体责任。纪检监察部门落实监督责任，履行监督执纪问责的职责。对廉洁自律和厉行节约工作提出“十二个严禁”，对机关作风建设提出“八条禁令”。抓住节假日期间等重要时间节点，对公务用车、公款吃喝等开展自查自纠和明察暗访。加强对干部选拔任用的监督，对新任处级领导干部开展任前廉政谈话和廉政知识测试，并出具廉政鉴定、签订《新任处级领导干部廉政承诺书》。开展“三公经费”开支情况专项检查，规范资金使用管理。推行廉政风险防控工作，健全廉政风险防控体系，加强对领导干部决策权的监督。启动督查工作机制，制定《漳卫南局督察工作暂行办法》，先后开展落实防汛职责情况督察和资金管理、工程维修养护工作情况专项督察。举办预防职务犯罪警示教育讲座，编辑《廉政荐文》《廉文荐读》，重要节假日给领导干部发送廉政提醒短信，春节期间印发《家庭助廉倡议书》。

2. 党建工作

“七一”前夕，局领导轮流集中讲党课，并对优秀党员和基层优秀党支部进行评选表彰，编印《党课教材》，修订完善考评机制和考核办法。制定基层组织建设年活动的实施意见，明确活动的目标要求、主要任务、实施步骤和具体要求。按照德州市直机关工委的要求，建立党员活动室，制作党员活动室档案资料，举办政工干部培训班。开展“两方案一计划”整改落实“回头看”工作，编印《漳卫南局教育实践活动资料汇编》。

3. 工会工作

各级工会建立健全特困职工档案。元旦、春节期间，对全局31户困难职工家庭和岳城水库、穿卫枢纽闸所、四女寺局水文站、建管局等一线职工进行慰问，将救助标准从往年的500元提高到800元。全面启动二级单位“职工之家”建设达标活动。组织开展读书月活动，组织读书征文和演讲比赛活动、局机关及下游单位“五一”健身月活动、第二届羽毛球比赛、第二届“大禹杯”篮球比赛。先后参加海委系统羽毛球比赛，德州市直羽毛球比赛和德州市全民健身运动会开幕式第九套广播体操表演。

4. 精神文明创建

漳卫南局机关组织开展了“文明处室、文明职工”活动、“争创人民满意机关、争当文明科室、争做优秀科长”三争活动和以“我谈改革”为主题的第八届读书月活动。印发《职工政治理论学习教育计划》，通过多种活动载体，提高学习质量。获得全国水利系统社会主义核心价值观网上答题活动和“中国梦·劳动美·促改革·迎国庆”主题征文活动“优秀组织奖”，被德州市直工委评为全员读书活动先进单位。

年底，顺利通过德州市文明办组织的省级文明单位复核。

【行政与后勤管理】

1. 信息系统管理

制定《信息中心运维车辆使用管理细则》《信息中心数据机房管理规定》，细化《信息系统应急预案》，根据各个系统实际情况提出了具体可操作的应急预案。编写完成《漳卫南局2013年度信息系统运行状况分析报告》，对2013年度漳卫南局信息系统的运行情况进行总结，对发生的故障情况与往年进行对比分析，提出针对性的解决方案，确保信息系统可靠运行。完成“十三五”规划前期调研，对比考察了国内主流LTE厂家的产品及解决方案，并在此基础上完成《LTE通信技术在漳卫南局的应用前景——“五大支撑系统”信息化基础设施建设可行性调研报告》。

根据“五大支撑系统”信息化基础设施建设要求，强化信息系统设备资产管理。利用《信息系统运行管理》软件，更新设备目录，并对所管理的仓库进行了清理。完成袁桥闸、庆云局、西郑闸、大名局的通信恢复、临西局信息系统改造、漳河采砂视频监控系统的维护维修及改造、漳卫南局所辖微波铁塔的清理紧固、视频会商系统应急恢复等工作。对岳城局、卫河局与局机关VPN技术联网进行测试，基本完成局机关通信机房的标准化改造工作，配合海委完成了局数据机房改造验收工作，配合邢衡局完成清河局3G视频和大屏幕修复工作。

2. 机关建设与后勤管理

7月，漳卫南局后勤中心成立德州海河汽车租赁有限公司。制订漳卫南局节能减排实施方案，并成立节能减排工作领导小组。对漳卫南局机关院内原有的模拟信号传输监控设备进行全面升级成为数字信号传输，完成漳卫南局监控系统与德州市公安安防系统联网。完成对漳卫南局办公楼制冷机组输入电缆的紧急更换。将局机关家属区的用电改为德州市供电公司直接供电。

局属各单位

卫河河务局

【工程管理】

年初，各基层水管单位和维修养护公司签订《水利工程维修养护意向书》，6 月 20 日，签订维修养护合同。根据合同约定，由养护公司全面实施维修养护工作。在维修养护管理中，结合季节变化确定不同的维修养护工作重点，坚持“抓节点、守边界、管全线”的工作要求，及时安排绿化、日常管理、堤顶整修、平垫雨淋沟、清除杂草、修整边埂和界埂等养护任务。局机关成立了工程管理考核小组，完成年度日常维修养护考核和工程管理考核工作。2 月 8 日，召开堤防绿化工作会议，对绿化工作思路、工作重点进行了部署。种植堤防树木 3.9 万棵，成活率达到 90%以上。

全年完成堤防日常维修养护 355km，堤顶养护土方 3.8 万 m^3，堤坡养护土方 2.5 万 m^3，上堤路口整修土方 1.6 万 m^3，草皮养护 86.4 万 m^2，草皮补植 13.2 万 m^2，界埂整修土方 7713m^3。专项维修养护工程包括堤防精细化建设 8.2km、标准化建设 0.8km、堤防城乡结合部建设 1 处，9 月 15 日开工，10 月 31 日完工。共完成土方 3.34 万 m^3，路面混凝土浇筑 4191m^3，标志标牌制安 328 个，景观树种植 1337 棵，种草 14.26 万 m^2。

【水政水资源管理】

在“3·22”世界水日和中国水周期间，组织所属七支水政大队 20 多人，出动宣传车 8 辆，发放宣传品 10000 份，通过悬挂横幅，张贴宣传画和标语，利用沿河农村广播、手机信息等方式广泛开展了多种水法规宣传活动。

认真开展水政执法巡查和涉河建设项目巡查。全年现场处理水事违法行为 11 起，立案 1 起，结案 1 起。在河湖专项执法活动中，清除堤防垦植农作物 46 亩，清理树障 210 棵。

做好建设项目河道防护工程设计审查；督促建设单位依法办理开工手续，上报施工组织设计及度汛方案，落实责任；加强工程质量监督；组织开展巡查工作，按时向漳卫南局报送涉河建设项目监督管理情况统计表。河南省南水北调受水区供水配套工程 35 号穿越共渠和卫河工程、37 号穿越卫河工程、滑县北环路卫河大桥河道防护工程、山西中南部铁路通道卫河特大桥河道防护工程年内通过验收。

水资源管理工作中，做好取水口月取水量情况的统计上报，完成南乐元村水文站、浚县淇门水文站及刘庄水文站水文资料的收集工作。上报 2013 年取水总结及 2014 年度取水计划表。

每季度组织一次入河排污口巡查。核查入河排污口 25 个，对正在排放的 10 个排污口进行照片信息采集、流速与流量测量，同时对排放的污水进行了样品采集和预处理。根据漳卫南局水质污染评价工作规划，共设 8 个水功能区断面，每月配合漳卫南局水保处做好水功能区断面的水质样品采集、预处理和递送工作。

【防汛抗旱】

按照《漳卫南运河汛前检查办法》要求，3月，组织技术人员对所辖河道堤防进行检查，撰写汛前检查报告并上报。对刘庄闸机电设备、闸门启闭设备进行试运行。各基层河务局对所辖河道、堤防工程进行检查，上报汛前检查报告。

5月，调整防汛工作领导小组和局领导包河分工。按照防汛分工责任制，建立健全防汛职能组织和各项规章制度，形成管理规范、协调有序、权责明确的防汛工作机制。

6月3日，完成《卫河、共产主义渠防洪预案》《卫河河务局重点险工险段和涵闸防汛抢险预案》和《卫河防汛应急响应机制》修订工作；完善《卫河河务局水位报汛工作实施方案》，对管理范围内的防汛报汛站点进行全面维护，掌握卫河、共渠主要控制点的水位、流量情况，对可能出现的各种险情做到应对有方，处置有效。

6月15日—9月10日，全面实施防汛值班。汛后，进行年度防汛工作全面总结，并上报。

6月26日，召开防汛工作会议，贯彻落实漳卫南局防汛抗旱工作视频会议要求，安排部署年度防汛工作任务，组织协调各单位和有关部门共同抓好防汛工作并举办了防汛抢险知识培训班。参加了鹤壁、安阳、濮阳三市召开的防汛抗旱工作会议，向地方防指反映情况，当好各级防指的参谋和助手。

7月28日，卫河河务局和鹤壁市防指在刘庄闸联合举行抗洪抢险实战演练，增强防汛抢险队伍的业务素质和抢险能力。

【人事管理】

截至2014年12月31日，全局在职人员103人，其中参公人员55人，事业人员35人，维修养护公司13人；离退休人员50人，其中离休2人，退休48人。

2014年4月30日，漳卫南局党委任命尹法为中共卫河河务局委员会书记、李靖为中共卫河河务局委员会副书记，免去陈正山中共卫河河务局委员会书记职务、张安宏中共卫河河务局委员会副书记职务（漳党〔2014〕20号）。同日，漳卫南局任命李靖为卫河河务局局长、尹法为卫河河务局副局长，免去张安宏的卫河河务局局长、陈正山卫河河务局副局长职务（漳任〔2014〕9号）。

2014年，先后成立了局机关创建省级文明单位工作领导小组、深入开展创先争优活动领导小组、合同管理工作领导小组，调整了精神文明建设工作领导小组、党风廉政建设工作领导小组、党务政务公开领导小组、廉政文化示范单位建设领导小组、“一创双优”活动领导小组、计划生育工作领导小组、经济发展工作领导小组、安全生产工作领导小组、防汛抗旱工作领导小组、水利工程维修养护考核小组等。

1. 局机关创建省级文明单位工作领导小组

组　长：张安宏

副组长：陈正山　闫国胜　任俊卿　张如旭

成　员：查希峰　段俊秀　张仲收　杜立峰　张秀堂　杨利江　黄　静　王建设　吕万照　杨文静

领导小组下设创建办，设在局办公室，具体承办领导小组日常事务工作。

主　任：陈正山（兼）

2. 精神文明建设工作领导小组

组　　　长：尹　法

常务副组长：李　靖

副　组　长：闫国胜　任俊卿　张如旭

成　　　员：查希峰　段俊秀　张仲收　杜立峰　张秀堂　杨利江　黄　静　王建设　吕万照　张新国　孙洪涛　江松基　耿建伟　杨利明　李根生　段　峰

精神文明建设工作领导小组办公室（文明办）设在局办公室，具体承办领导小组日常事务工作和局系统精神文明建设检查指导工作。

主　任：查希峰（兼）

副主任：鲁广林

成　员：张卫敏　刘彦军　杜新清　李安文

3. 党风廉政建设工作领导小组

组　长：尹　法

副组长：李　靖　闫国胜　任俊卿　张如旭

成　员：查希峰　杜立峰　张秀堂　黄　静

领导小组办公室设在监察（审计）科，负责领导小组日常工作。

主　任：张秀堂（兼）

成　员：关海宾

4. 党务政务公开领导小组

组　　　长：尹　法

常务副组长：李　靖

副　组　长：闫国胜　任俊卿　张如旭

成　　　员：查希峰　段俊秀　张仲收　杜立峰　张秀堂　杨利江　黄　静

领导小组办公室设在局办公室（党委办公室），具体承办和负责党务政务公开日常协调工作。

主管领导：李　靖

主　　任：查希峰

成　　员：张卫敏　陈蜀萍　刘彦军　关海宾

联 系 人：张卫敏

5. 深入开展创先争优活动领导小组

组　长：尹　法

副组长：李　靖　任俊卿

成　员：查希峰　杜立峰　鲁广林　刘彦军　江松基　杨利明

领导小组下设办公室，办公地点设在人事科，负责日常事务。

6. 廉政文化示范单位建设领导小组

组　长：尹　法

副组长：任俊卿

成　员：查希峰　张仲收　杜立峰　张秀堂　黄　静

领导小组办公室设在监察科，负责廉政文化示范单位建设日常工作。

主　任：张秀堂

成　员：关海宾

7. “一创双优”活动领导小组

组　长：尹　法

副组长：李　靖　闫国胜　任俊卿　张如旭

成　员：查希峰　段俊秀　张仲收　杜立峰　杨利江　王建设　吕万照

领导小组下设“一创双优”活动办公室，具体负责“一创双优”活动和全民敬业行动的日常工作及检查督导。各有关部门按照任务分工积极配合。

主　任：李　靖（兼）

副主任：闫国胜（兼）

成　员：刘彦军　关海宾　吉利敏

8. 计划生育工作领导小组成员

组　长：尹　法

副组长：李　靖　闫国胜　任俊卿　张如旭

成　员：查希峰　段俊秀　张仲收　杜立峰　杨利江　王建设　吕万照

领导小组下设办公室，负责计划生育日常管理工作。

主　任：张卫敏

成　员：杜新清　郑建萍　谢翠祥　邱会艳　张　南

9. 合同管理工作领导小组

组　长：尹　法

副组长：李　靖　闫国胜　任俊卿　张如旭

成　员：查希峰　段俊秀　张仲收　杨利江　王建设　张新国　孙洪涛　江松基
　　　　耿建伟　杨利明　李根生　段　峰　关海宾

领导小组下设办公室，设在财务科，具体负责领导小组日常工作。

主　任：张仲收（兼）

成　员：张卫敏　李海长　关海宾

10. 经济发展工作领导小组

组　长：尹　法

副组长：李　靖　闫国胜　任俊卿　张如旭

成　员：查希峰　张仲收　杨利江　王建设　焦松山　张新国　孙洪涛　江松基
　　　　耿建伟　杨利明　李根生　段　峰

领导小组下设办公室，办公室设在综合事业中心，具体负责卫河河务局经济建设日常工作。

主　任：王建设（兼）

副主任：鲁广林　焦松山　陈蜀萍　崔永玲

成　员：刘凌志　李海长　刘洪亮　张倩倩

11. 安全生产工作领导小组

组　长：尹　法

副组长：张如旭

成　员：查希峰　段俊秀　张仲收　杜立峰　张秀堂　杨利江　黄　静　王建设
　　　　吕万照　崔永玲

局安全生产工作领导小组下设办公室，设在工管科，具体承办领导小组的日常工作。

主　任：杨利江（兼）。

12. 防汛抗旱工作领导小组

组　长：尹　法

副组长：李　靖　闫国胜　任俊卿　张如旭

成　员：查希峰　段俊秀　张仲收　杜立峰　张秀堂　杨利江　黄　静　王建设
　　　　吕万照　阮仕斌　崔永玲

防汛抗旱办公室设在工管科，具体负责防汛抗旱日常事务。

主　任：张如旭（兼）

副主任：杨利江　阮仕斌

13. 水利工程维修养护考核小组

组　长：张如旭

成　员：杨利江　阮仕斌　张　北

2014 年，举办“防汛抢险知识培训班”“工程资料整理培训班”“安全生产知识培训班”“水政执法培训班”“反腐倡廉警示教育”等培训班，培训人员 330 人次。

经海委高级工程师任职资格委员会通过，《海委关于批准高级工程师、工程师任职资格的通知》（海人事〔2014〕34 号）批准，张南、雷利军、周海军具备工程师任职资格。

【党群工作和精神文明建设】

制定印发《卫河河务局落实“八项规定”实施办法》。举办廉政专题讲座，开展上廉政党课、观看警示教育片等活动。11 月 11 日，举办党委中心组（扩大）学习贯彻习近平总书记党的群众路线教育实践活动总结大会重要讲话精神学习班。

认真落实《卫河河务局精神文明建设五年规划》和《2014 年精神文明建设计划》，组织开展了歌咏比赛、职工运动会、知识竞赛、道德讲堂、“我们的节日”及文明创建活动进科室、进家庭、进工地活动。加强楼道文化建设。开展结对帮扶和献爱心活动。参加社会公益事业，参与驻地文明城市创建活动。将环境建设纳入单位总体规划，机关环境建设达到了三季有花、四季常青。制定了职工文明行为规范。2014 年，局机关、浚县局保持省级文明单位；刘庄闸、滑县局、汤阴局、清丰局、南乐局继续保持市级文明单位。

【综合管理】

推进目标管理工作，制定了《卫河河务局 2014 年目标管理指标体系》，并加强日常督查和考核。精减会议数量，规范公文行为。加大宣传信息管理工作，制发《卫河简报》30 期，在《中国水利报》发表一篇稿件。推进工作平台建设，完善规章制度并汇编。

加强预算执行管理，修订完善财务管理制度，开展了近年需报废资产的申报工作，按要求完成财政资金支付序时进度。

排查信访隐患，处理信访案件，保持单位和谐稳定发展。

召开经营创收工作会议，对全局土地资源和闲置固定资产进行调查摸底。通过和浚县人民政府积极协调，将在浚县长期闲置的院落置换为城区交通便利一块土地，用于卫河防汛仓库建设。

【安全生产】

层层签订安全生产责任书，将安全生产纳入年度目标管理考核内容。调整了安全生产工作领导小组和安全生产管理机构，补充完善相关应急预案 24 个。按照水利安全生产检查大纲要求，重点对所管辖水利工程、在建工程项目及机关日常管理工作安全生产情况、各项责任制落实情况和应急管理进行了全面自查。加强水利工程维修养护项目的安全生产监督管理，建立以安全生产责任制为核心的包括安全管理、安全检查、安全教育、安全奖惩、事故报告、应急救援和事故责任追究等安全规章制度体系。开展了安全生产知识教育学习，6 月开展“安全生产月”活动，6 月 19 日举办了生产事故应急演练，9 月份开展“六打六治”打非治违专项活动。

【党风与廉政建设】

组织干部职工自创、自编、自演廉政文艺节目，在“迎七一颂党情”歌咏比赛中演出，并到基层单位慰问演出。通过参观教育基地、观看警示教育片、学习讨论典型贪腐案件等多种形式开展廉政警示教育活动。组织干部职工撰写廉政理论文章，分别在水信息网、漳卫南运河网和濮阳日报上发表。

邯郸河务局

【工程管理】

1. 维修养护

2014 年，邯郸河务局完成工程养护投资 1160.04 万元，其中日常维修养护资金 661.94 万元，专项维修养护资金 498.1 万元。

为确保工程物业化管理质量，调整“维修养护考核组”“日常维修养护工作组”和“专项维修养护工作组”，明确了各小组工作职责，将维修养护检查督导任务分解到个人，及时对日常和专项维修养护工程进行统筹安排、跟踪检查和业务指导，对质量、工期、验收等工作进行安排和部署，保持了工程管理水平。

7 月 7 日，组织召开邯郸局物业化管理专题会议，传达和落实上级关于物业化管理工作的指导意见，并对日常维修养护物业化管理工作进行安排部署，要求各水管单位结合各自实际，迅速落实物业管理段和物业化管理人员，制定相关办法和程序，确保从 8 月 1 日起，日常维修养护物业化管理工作正式实施。

根据实际调查，结合每段堤防的实际情况，邯郸局把所辖水利工程按照考核频次划分为三类物业段，各类物业段工作内容、工作目标和考核标准根据实际分别制定。一类段为高标准堤段，考核频次为1个月一次。该堤段一般经过专项治理或者经过精细化管理，交通便利，位置突出。三类段为老大难堤段、历史遗留问题集中堤段，考核频次为4个月一次。其余堤段均为二类堤段，考核频次为2个月一次。以此为标准，邯郸局确定的一类物业段长度为77.2km，占堤防总长度的24%，二类物业段长度为210km，占堤防总长度的64%，三类物业段长度为40.6km，占堤防总长度的12%。

在各县局的管理办法和考核标准的基础上，形成了《邯郸局水利工程日常养护（物业化）管理办法》和《堤防承包段日常维修养护承揽考核标准》，同时按照《邯郸局日常维修养护工作流程指南》要求，将物业化管理各类资料格式和承揽协议内容在全局进行了统一，用以指导物业化管理工作的具体开展。

年度维修养护完成堤顶硬化路面和新增河道防护工程维修养护费的测算和上报工作。编制《邯郸局水利工程维修养护实施方案》。严肃季度考核程序，每季度以正式文件下发季度考核重点内容和考核结果。对2013年专项维修养护项目进行拉网式检查，并下发了整改意见，督促整改。在专项工程中，要求监理单位在每处专项工程配备一名人员进行旁站监理。对于每处专项工程施工过程中做到经常性检查，发现问题及时反馈处理，确保工程质量。

2. 制度建设

根据《漳卫南局2014年工程管理工作要点》安排，结合邯郸局实际，编制《邯郸局2014年日常维修养护工作实施方案》，修订《邯郸局工程管理考核办法》，督促各县局和养护公司完善维修养护奖惩制度。

3. 漳河无堤段河道观测

协助漳卫南局防办对岳城水库以下漳河无堤段管理范围进行了调查研究，进行地形图测绘，埋设水准桩，进行水准测量和断面测量，为下一步规范无堤段的管理和确权划界工作，提供基础数据。

【水政水资源管理】

落实执法责任制，加强水政队伍建设，做好水政人员培训，提高全局水政人员依法行政、依法管水的能力，完善和落实好法律顾问制度，确保行政执法合法、适当。查处的全部案件无投诉和行政复议发生。与岳城局、卫河局联合举办首个“国家宪法日”知识竞赛活动。开展河湖专项执法活动，强化对重要水利工程和重要涉河交通干线、输油管线和高压线路周边砂场的管理。继续实行采砂专职化管理，加大禁采工作力度，依靠地方政府，联合公安、水利等部门及岳城局和长远天然气公司等单位采取联合执法行动，对岳城水库至京广铁路桥无堤河段、穿越漳河天然气管道附近砂场进行严厉打击。在采砂管理中查处案件12起，刑拘1人，责令回填砂场4处。魏县河务局水政监察大队在2014年水政工作考核中，被评为海委优秀单位。与地方政府、防指协调沟通，集中时间，集中精力，集中行动清除阻水树障，恢复河道行洪能力。其中，魏县局6月19日开始清障划界到7月28日清障结束，共历时40天，分两遍按计划清除，累计清理树障30余万棵，极大提高了河道的过水能力，保证了行洪安全。开展水资源基础研究，做好水资源信息和取水量统计工作，及时上报漳卫南局。加大对入河排污口的巡查力度，协助局水保处做好龙王庙省界断面水质监测站的管理工作。

【防汛抗旱】

3月，对重点险工工程和薄弱堤段进行汛前检查，并撰写2014年汛前检查报告，上报漳卫南局及邯郸市防指。5月，开展汛前水利工程安全生产检查，对东南屯仓库、龙王庙、金滩镇、野胡拐等仓库、物料、抢险机械、消防灭火设施进行了检查。6月，调整2014年防汛抗旱组织机构，实行领导包河责任制，成立防汛职能组，明确防汛分工，明确防汛工作职责。与邯郸市防指漳卫运河河系组对漳卫运河防汛工作进行联合检查，并召开防汛工作座谈会。重新修订完善“邯郸市漳卫河防洪预案”，对预案中的基础表格相关技术数据重新进行核实，该预案由邯郸市防指向沿河各县发布。同时要求各县局修订了重点险工工程抢险预案。7月1日，组织召开防汛工作会议，举办防汛知识培训班，对全局技术干部进行防汛知识培训，详细讲解堤坝抢险知识。

汛期，加强对涉河建设项目的监督检查，特别是对度汛措施落实情况的督导检查，加强与各涉河在建项目建设、施工单位的沟通联系，要求其上报度汛应急预案和浮桥拆除方案，避免不安全事件发生。期间，邯郸市发生多次强降雨。第一时间内进行雨毁情况的统计和影像资料的收集，连同修复方案上报漳卫南局。对邯郸市副市长防汛检查中所提出的问题，及时以书面材料进行答复，并以《邯郸河务局关于急需加固漳河重要险工的请示》上报漳卫南局申请项目安排。

完成漳河刘深屯至马神庙险工、陈村险工等2015年度汛应急项目设计和申报工作。

【人事管理】

按照《干部任用条例》规定的程序，对2013年提拔1名科级干部（王京栋，魏县河务局副局长）进行了试用期满考核。

对2013年招录的2名参公人员郭媛媛、苏伟强进行了试用期满考核和任职。

7月，招录1名参公人员（郭晓辉），招聘2名事业人员（张凯、耿琳莹），分别到大名、馆陶、临漳河务局工作。

2014年抽调2名参公人员（临漳河务局刘群，馆陶河务局李雅芳）到漳卫南局进行挂职交流，期限1年。

赵志忠、赵光耀、任其民达到退休年龄，分别为其办理退休手续。

截至2014年12月，邯郸局在职职工106人，其中：依照公务员管理人员51人，事业人员42人，养护公司13人。离退休人员48人，其中，离休人员2人、退休人员46人。

年内，组织参加基层水利职工读书读报提升素质有奖问答活动97人次；水利普法知识问答活动60人次；安全驾驶知识培训40人次；消防安全知识培训班50人次；防汛知识培训班55人次；社会主义核心价值观教育103人次；“六五”普法知识培训班90人次；干部职工能力提升培训班90人次。人均培训时间达到了96学时，受训率达到100%。

【党群工作和精神文明建设】

制定《邯郸局党委党的群众路线教育实践活动整改方案》《邯郸局党委“四风”突出问题专项整治工作方案》和《邯郸局党委制度建设计划》，对存在的问题进行整改。以科室为单位建立政治理论学习小组，举办道德大讲堂，邀请知名专家系统讲解社会主义核心价值观的内容、意义。加强文明志愿者服务队和网络文明志愿者队伍的管理和引导，开展网络文明传播活动和文明志愿者服务活动。组织开展多项业余文体活动。临漳、馆陶、大名、魏县河务局均跨入市级文明单位行列。

【安全生产】

调整安全生产组织机构，印发《邯郸局关于进一步明确安全生产责任体系的通知》和《邯郸局关于加强应急管理工作完善预案体系建设的通知》。完善安全生产制度和预案，制定《邯郸河务局2014年安全生产工作要点》，修订了十大应急预案，梳理、编制完成《邯郸局安全生产管理制度汇编》。组织开展安全生产活动月工作，按照要求开展安全生产检查，对安全生产档案进行了全面梳理，完善安全生产管理档案。

5月，根据上级要求，使用新系统上报安全生产报表。

【党风廉政建设工作】

与各县局和机关各部门主要负责人签订了2014年《党风廉政建设目标责任书》《党风廉政建设承诺书》。按照漳卫南局有关要求，对2014年党风廉政建设和反腐败工作进行了责任分解；制定《2014年度局属各单位领导班子党风廉政建设考核指标体系》，印发中共邯郸局党委《关于进一步落实党风廉政建设主体责任的意见》《关于领导干部落实“一岗双责”实施办法（试行）》《邯郸局党风廉政建设责任制实施办法》和《邯郸局党风廉政建设责任制考核办法》的通知。开展廉政文化示范单位建设活动，印发《邯郸局廉政文化建设规划》和《邯郸局2014年廉政文化建设工作计划》。开展党的群众路线教育实践活动回头看，对党的群众路线教育实践活动进行全面总结。

聊城河务局

【工程管理】

围绕工程管理示范单位创建工作，查找组织管理、运行管理、安全管理、经济管理等方面的问题与不足，完善内业资料，加强堤防、水闸工程的运行管理和安全管理，使工程管理日趋规范化、制度化。通过落实工作责任、制定实施方案、加强宣传引导等方式，推进物业化管理承包模式与护堤地确权划界工作。开展全长6km的堤防精细化建设，同时做好穿卫枢纽闸门防腐处理及闸区美化绿化工作，配合做好穿卫枢纽工程的安全鉴定工作。

年内实施物业化管理承包堤防长度12km，护堤地确权划界360亩。全年累计完成土方养护15.42万m^3、行道林养护5.4万株、草皮种植养护69.6万m^2、标志牌更新925个、堤防隐患探测5350m、启闭机与闸门维护6台套，累计完成总投资448.57万元。

2014年被漳卫南局评为“工程管理先进单位”，冠县、临清河务局被评为“先进水管单位”。

【水政水资源管理】

落实年度普法工作计划，推进依法普法宣传教育，举办水行政执法和水资源管理培训班，组织开展第22届“世界水日”、第27届“中国水周”和“12·4”宪法日水法规宣传活动，两次活动共出动宣传车辆5台次，设立法制咨询台2处，悬挂宣传条幅20条，张贴宣传标语、宣传画500余张，散发宣传单3000余份，临清市电视台对两次宣传活动均进行了现场录制采访并在临清新闻节目中播出。12月，组织全局职工参加“海委系统宪法及十八届四中全会知识答题”活动。

开展河湖执法专项检查，落实支队月巡查、大队周巡查和水事案件上报制度，12月12日组织开展冬季水政执法联合检查。日常工作中，查处近堤取土和堤防垦植等3起违法案件，维护河道管理秩序。

履行涉河建设项目监管职责，对国道106线跨卫运河特大桥工程开展巡查监督，对违规行为下达通知限期整改。加强河道浮桥管理，督促落实河道浮桥安全措施，与浮桥业主签订了汛期《浮桥安全度汛承诺书》。主汛期，依法对3座浮桥进行拆除。

落实《漳卫南局2014年水资源管理工作要点》，加强取水许可监督管理，落实水资源管理巡查制度，强化取水口门计划用水管理和过程管理，开展年度水资源管理工作大检查。积极开展入河排污口门巡查监测，复核入河排污口统计信息。

【防汛抗旱】

落实各项防汛责任制，与沿河县市签订《漳卫河防汛责任书》，6月25日召开聊城局防汛工作会议，落实领导防汛分工责任制。修订完善《防洪预案》和《防汛应急响应机制》，《防洪预案》经聊城市防指审批印发相关县市。加强防汛物资管理，对库存防汛物料进行清点翻晒，组织人员对堤防备料石进行整理，同时督促地方政府落实了群企号料工作。强化防汛抢险队伍技能培训，5月29日—6月5日联合临清市人武部对临清市沿河乡镇办事处的150余名民兵预备役人员进行抗洪抢险实战演练，6月13日举办聊城局防汛技能培训班。汛期，落实防汛值班带班制度，开展雨水毁工程修复，利用入卫涵闸协助临清市开展城市排涝工作。做好穿卫枢纽水文站雨情测报工作。

1月13日圆满完成2013年度引黄济冀输水管理任务，穿卫枢纽输水总量1.959亿m^3。10月20日，2014年度引黄济冀应急调水正式实施，22日9时黄河水顺利通过穿卫枢纽工程，截止到12月31日穿卫枢纽调水历时70天，枢纽水文站过水1.4亿m^3。

【人事管理】

3月4日，漳卫南局党委任命吴怀礼为聊城局调研员，免去其聊城局党委委员、副局长职务；6月23日，漳卫南局任命原冠县局局长万军为中共德州水利水电工程集团有限公司党委委员，并聘任其为该集团有限公司副总经理。9月29日，聊城局党委任命曹祎同志为冠县河务局局长、党支部书记，韩家茂同志为冠县河务局副局长。

12月15—17日，组织开展参照公务员法管理、事业单位以及堤防养护有限公司职工年度考核工作。确定王玉哲、张君、彭士奎、张斌为2014年度参照公务员法管理优秀职工，确定徐立彦、尹元森、许晖、赵庆阁为事业人员优秀职工，张勇为堤防养护有限公司优秀职工。

开展领导干部参加社会化培训清理整顿情况专项调查，举办防汛抢险培训班、水行政执法等专业培训，组织参加上级举办各类培训教育。全年共组织或参加各类培训 18 期，受教育人次达 260 人次。

专业技术职务聘任。根据事业单位专业技术职务评聘有关规定，12 月 24 日，聘任赵欣为经济师，刘丽英为工程师。

【党群工作与精神文明建设】

年内，制定《2014 年党建工作要点》，完善党委和支部生活制度和学习制度。开展 2013 年度临清市管党费收支情况公开公示，发展两名预备党员。对全局党员队伍情况进行调查登记。

印发年度精神文明建设工作要点，完善精神文明活动档案，健全职工阅览室、廉政文化活动室，建立道德讲堂，开展四次道德讲堂主题讲座，开展“读书月”活动，鼓励职工参加水利部基层水利职工读书读报提升素质有奖问答、社会主义核心价值观网络答题等活动，开展“美化心灵、绿化堤防”植树活动、“庆三八”女职工健身日等活动，组员参加了海委羽毛球比赛、漳卫南局“五一”健身月、漳卫南局职工篮球赛等活动。1 月 12 日，组织职工参加临清市“献爱心图书捐赠”和“文明交通”志愿服务活动。10 月 17 日，开展首个全国“扶贫日”捐款活动，全局共捐款 2000 元。支持临清胡家湾村、临西县东温村新农村建设。制定《学雷锋青年志愿服务队建设实施方案》，开展“学习弘扬焦裕禄精神践行三严三实要求”主题实践活动和“弘扬雷锋精神做道德模范”主题教育活动。11 月 12 日局机关、穿卫枢纽管理所顺利通过聊城市市级文明单位考核验收。

【基础设施建设】

完成《聊城局“十三五”规划报告》的编纂和上报工作，配合做好卫运河治理现场勘查和卫河治理社会稳定风险评估相关工作，局机关以及穿卫枢纽管理所水电暖及配套设施改造工程通过海委组织的竣工验收。

【综合管理】

1. 综合政务

开展规章制度清理规范工作，完善《差旅费管理办法》《“三重一大”议事规则实施办法》等规章制度，修订《聊城局规章制度汇编》，积极落实上级工作部署。召开年度工作会议以及党风廉政建设工作会议，抓好工作落实。落实信访维稳责任，“两会”期间，向驻地有关部门报送舆情信息，全年共向临清市委报送舆情信息 200 余篇，被采用 66 篇，其中 10 篇舆情信息被聊城市委宣传部采用。调整保密工作领导小组，签订了保密工作责任书和承诺书。加大信息宣传工作力度，全年刊印《漳卫河简报》18 期，漳卫南运河网上稿 22 篇。

2. 财务管理与节能减排

编制完成 2015 年部门预算和 2013 年部门决算，依照上级批复的部门预算按进度申请国库集中支付额度，组织聊城局本级财务状况专项检查、防汛物资账物核对以及全局国有资产产权登记申报工作。落实厉行节约有关要求，成立了节能减排工作领导小组，印发了《节能减排工作实施方案》，建立《公共机构能源资源消费基本情况台账》。

【安全生产】

调整安全生产管理人员，落实工作职责，签订安全生产责任书，完善安全生产工作台账。制定消防安全、机关用电安全、公务车辆等安全管理应急预案，开展“安全生产月”活动，落实各项防范措施，加强安全生产检查，强化安全生产宣传教育。落实安全生产事故月报工作，2014 年全局无安全生产事故。

【党风廉政建设】

制定印发《聊城局贯彻落实〈建立健全惩治和预防腐败体系 2013—2017 年工作规划〉实施方案》《党风廉政建设和反腐败工作实施意见》《关于领导干部落实“一岗双责”实施办法（试行）》《关于进一步落实党风廉政建设主体责任的意见》等文件，签订《党风廉政建设责任书》和《党风廉政建设承诺书》，落实党风廉政建设责任体系，全年执行党员干部承诺制度、约谈制度以及述职述廉制度，12 月底组织开展党风廉政建设年终考核和落实主体责任工作检查。

邢台衡水河务局

【工程管理】

1. 堤防绿化

按照“四型”要求，进行春季绿化。共种植杨树 7090 棵，核桃树 350 棵，国槐 400 棵，香椿 5000 棵；育海棠树苗 7 亩，育国槐树苗 5 亩。全年绿化树木 12840 棵，培育树苗 12 亩。请林业专家进行病虫害防治，控制病虫害。

2. 日常维修养护

加强考核，推行日常维修养护物业化管理，成立物业化管理领导小组。7 月 8 日，召开 2014 年维修养护座谈会，交流维修养护工作经验，安排 2014 年维修养护具体工作。制定《邢衡局维修养护物业化工作实施方案》，根据“堤防日常维修养护物业化管理考核标准”，对物业化管理工作采取两级考核机制，在养护公司考核的基础上，水管单位进行月考核。全年共完成日常维修养护投资 433 万余元，有效改善了工程面貌。

3. 专项维修施工

完成临西局汪江堤顶路面翻修、故城局齐庄城乡结合部建设和故城局上堤坡道硬化三项专项维修养护工程的建设管理。临西局争取社会资金近 400 万元，在堤防修建了 5.8km 混凝土路面，砖砌坡道 13 条。全年共完成专项维修养护投资 235 万余元。

4. 清河局国家级复验

完成清河局国家级水管单位复核验收等工作。3 月，成立清河局国家级复核工作领导小组，为清河局复核做好准备工作。在做好内业资料整理的同时，对堤顶、堤坡、戗台、护堤地、控导工程等外业工程进行全面的维修养护施工。9 月 25—27 日受水利部委托，水利工程协会组织珠江委、松辽委、长委和海委等有关专家组成的复核组对清河局国家级水管单位进行复核，通过查看现场和相关资料等程序，以931分通过国家级水管单位复核。

【水政水资源】

1. 水法宣传

以"世界水日"和"中国水周"以及"12·4"国家宪法日为契机，开展以"加强河湖管理，建设水生态文明"为主题的各项宣传；联合地方水务局开展水法规宣传进社区活动，出动普法宣传车4辆，水法宣传员15名，散发传单8000余份，悬挂宣传条幅5条，设水法规宣传站4个，在沿河堤防、村庄、集贸市场及学校等公共场所张贴宣传标语800余份，并现场向沿河群众讲解水法规知识及相关规定。在机关利用电子屏幕宣传宪法精神。

2. 信息共享联动机制

5月，故城河务局联合清河、武城、夏津、吴桥等兄弟单位建立执法信息共享机制。形成了上下游、左右岸的内部纵向联动机制。定期召开执法信息共享交流会，推进执法信息共享，对危害堤防安全管理、河道行洪安全的违法事件进行打击。有效处理水事案件4起。执法信息共享机制在《中国水利报》进行报道。

3. 垃圾处理机制

故城局借助地方城市管理和新农村建设的有利契机，与当地环保部门、城管部门和沿河乡政府、村委会进行沟通协调，建立了垃圾处理机制。在沿河村庄合适位置修建垃圾池20个，对垃圾进行定点存放，城镇设置垃圾临时转运站，定期集中清理，较好地解决了堤防乱倒垃圾问题。《中国水利报》3562期第二版上以《海委漳卫南运河故城河务局建立垃圾处理机制加强堤防管理》为题予以推广宣传。

4. 涉河项目监管

查处临西县交通局侵占堤外侧修建公路一案，处理临西河道内取土的群众举报案件。开展德商高速故城连接线跨卫运河的前期监督管理工作，查处了堤外护堤地内违章施工案件，积极配合地方文物保护部门开展清河油坊码头保护及环境治理工程，该项工程投资450万元，在不影响大运河"在用"功能、确保水利工程安全、确保河道治理工作的前提下，建成以文物、险工、堤防相结合的景观式风景区，该工程目前主体工程已完工，整体工程将于2015年4月竣工。

【防汛工作】

3月下旬，组织技术人员对险工险段、穿堤建筑物、防汛仓库和物料、通讯设施等进行检查。对发现的问题进行认真梳理，上报漳卫南局及邢台衡水两市防指。6月，调整邢衡局防汛抗旱组织机构，明确防汛抗旱工作职责。防汛值班、带班人员密切关注天气及流域的雨情、水情、工情的变化情况，掌握工程运行状况，对每天的水雨情进行登记。

6月25日，召开防汛工作会议，部署防汛工作。基层局督促沿河各县防指落实以行政首长负责制为核心的各项防汛责任制，当好防汛参谋，完成沿河三县涵闸管及险工防汛责任状的签订工作。督促落实浮桥防洪预案，签订度汛安全责任状。及时向各县通报汛情和工情。

7月9日，漳卫南局副局长张永顺率卫运河河系组检查卫运河防汛工作。检查组查看郑口险工、故城及临西局卫运河堤防，听取防汛工作情况汇报，并对防汛工作提出要求。

7月15日，举办了防汛抢险知识培训。同日，邢台市副市长韩文虎率新泰市防汛检查组检查卫运河清河段堤防。韩文虎一行实地查看南李庄险工、扬水站等工程，了解卫运河防洪工程运行情况，听取清河局防汛情况汇报，并对防汛工作提出要求。

7月20日，衡水市市长、市防指指挥长杨慧检查卫运河防汛工作。杨慧一行查看了前香坊险工、郑口险工及郑口浮桥，听取了故城局防汛情况汇报，并对防汛工作提出了要求。

按照漳卫南局防洪预案编制会议精神，安排部署邢衡局防洪预案编制工作。故城局2013年南运河左岸第九村险工应急修复工程通过海委验收，完成了清河局二戈营老河道拦河坝加固工程的设计、上报和施工，确保二戈营度汛应急工程竣工。

临西局在2013年已清除树障4860亩、45万棵的基础上继续清除剩余树障50亩，共300余棵。对所辖河道内13座浮桥下达了拆除通知书，其中2座浮桥即刻拆除，余下11座浮桥的业主与县防指签订承诺书，制定拆除应急预案。

完成2014年46万元防汛费项目，包括通信设施维护、防汛指挥系统维护、防汛物资购置与管护、预案编制等。

【水土资源开发利用】

故城河务局自2012年起制定了水土资源开发利用十年规划，并在建国镇和夏庄乡进行试点。2014年，故城局两个试点河道渔业养殖、果树、药材、苗圃、观赏林种植等项目总面积达330余亩，已初具规模。

【卫运河治理】

故城局加强与故城县政府及沿河乡镇的协调，主动服务，全力做好卫运河治理配合工作。自8月份起，配合建管局开展相关工作，故城局做好临时占地（弃土临时占地847亩）、涵洞拆除统计、树木采伐（12.6万余棵）、迁建赔偿和地方协调等各项前期准备工作，确保施工单位于2014年10月28日按时开工进场。

【人事管理】

1. 人事任免

5月8日，漳卫南局党委任命王斌为中共邢衡河务局党委书记、局长，免去饶先进中共邢衡河务局党委书记、局长职务。

7月，新招录参公人员王亚倩，安排在清河局工程管理岗位；临西河务局招录事业人员王一，为水利工程运行管理岗位人员。

2. 干部交流

10月，对两名科级干部进行了交流调整，李国志调故城局任主任科员，姚红梅调临西局任副局长、主持工作。

3. 机构设置与调整

（1）5月15日，根据局领导班子分工情况，对党风廉政建设责任制领导小组成员进行调整：

组　长：王　斌

成　员：王海军　赵铁群

领导小组办公室设在人事（监察审计）科，办公室成员由杨志伟、谢金祥、吴贵生组成。

(2) 5 月 16 日，根据工作需要，对局保密工作领导小组组成人员进行调整：

组　长：王　斌

副组长：王海军　赵铁群

成　员：谢金祥　杨志伟　苏瑞清　韩　刚　高　峰

保密员：谢金祥（兼）

(3) 5 月 16 日，根据工作需要，调整邢衡局经济工作管理领导小组：

组　长：王　斌

副组长：王海军　赵铁群

成　员：高　峰　杨治江　韩　刚　苏瑞清　李国志　王建新　师家科　曹维付

领导小组办公室设在综合事业管理中心，负责日常工作。

(4) 5 月 16 日，对邢衡局文明创建工作领导小组进行调整：

组　长：王　斌

副组长：赵铁群

成　员：谢金祥　杨志伟　吴贵生　苏瑞清　夏洪冰　韩　刚　张保华　王建新　师家科　李国志

文明创建领导小组下设办公室，负责日常工作的组织开展，人员如下：

主　任：赵铁群

成　员：谢金祥　王建新　师家科　李国志

(5) 7 月 28 日，邢衡局青年联合会进行改选：

主　席：王宁宁

秘书长：尹　璞

委　员：姚红梅　许　琳　解士博　刘　敏

(6) 5 月 16 日，对“六五”普法工作领导小组进行调整：

组　长：王　斌

副组长：王海军　赵铁群

成　员：杨治江　韩　刚　谢金祥　苏瑞清　杨志伟　夏洪冰　高　峰　张宝华

普法领导小组下设办公室，负责日常工作的组织开展，办公室设在水政水资源科。

(7) 5 月 29 日，对安全生产管理机构设置及职责、人员配备情况进行了调整。

组　长：王　斌

副组长：王海军

成　员：韩　刚　谢金祥　杨治江　苏瑞清　杨志伟　夏洪冰　张保华　高　峰

安全生产领导小组办公室设在工管科，负责安全生产领导小组日常工作和安全生产事故调查评估工作的组织开展。

(8) 5 月 29 日，为确保清河局 2014 年顺利通过国家级水管单位复核，根据工作需要，决定成立清河局国家级水管单位复核工作领导小组，人员组成如下：

组　长：王　斌

副组长：王海军　赵铁群　刘绪华

成　员：韩　刚　谢金祥　苏瑞清　杨治江　杨志伟　王建新

领导小组办公室设在工管科，负责日常工作。

（9）6月9日，根据防汛抗旱工作需要，对局防汛抗旱组织机构进行调整：

组　长：王　斌

副组长：王海军　赵铁群　刘绪华

成　员：韩　刚　祁　锦　谢金祥　杨治江　杨志伟　苏瑞清　夏洪冰　高　峰　张保华

防汛抗旱办公室

主　任：王海军

副主任：韩　刚

成　员：索荣清　张亚东　尹　璞

（10）7月8日，根据工作需要，决定成立邢衡局维修养护物业化管理工作领导小组，人员组成如下：

组　长：王　斌

副组长：王海军

成　员：韩　刚　杨治江　索荣清　尹　璞

领导小组办公室设在工管科，负责日常工作。

（11）8月12日，为加强卫运河二戈营险段老河槽拦河坝应急加固工程的建设管理，确保二戈营拦河坝加固工程的顺利建设，决定成立邢衡局水利建设项目管理办公室，人员组成如下：

主　任：王海军

副主任：韩　刚

成　员：苏瑞清　杨志伟　吴贵生　索荣清　尹　璞

（12）10月24日，经研究，决定成立“划界确权工作领导小组”，领导小组人员组成如下：

组　长：王　斌

副组长：王海军

成　员：韩　刚　索荣清　尹　璞

领导小组下设办公室，办公室设在工管科，负责日常工作。

（13）11月10日，经研究决定成立邢衡局节能减排工作领导小组，成员如下：

组　长：赵铁群

成　员：谢金祥　杨治江　苏瑞清　杨志伟　韩　刚　夏洪冰　高　峰　张宝华

邢衡局节能减排工作领导小组下设办公室。办公室设在后勤服务中心，负责邢衡局节能减排监督管理、节能制度和节能措施的组织实施、能耗统计等具体工作。

4. 人员变动

截至12月31日，全局在职职工66人，离休1人，退休20人，其中参公人员30人，事业人员26人，养护公司人员10人。2014年7月招录公务员1名（王亚倩）、招录事业人员1名（王一）。

5. 职工培训

共举办水政执法、防汛抢险、安全生产及财务知识等培训班6个，累计培训人数220余人次，参加网络培训人数120人次，参加上级培训人数26人次。

6. 职称评定和工人技术等级考核

2013年12月，故城局杨辉通过2013年度德州市工人技术考核获得中级工等级证书。2014年1月，杨辉被聘为汽车驾驶员中级工。

2014年7月，赵智昊被漳卫南局认定为助理工程师。

2014年7月，郭志达被漳卫南局认定为助理会计师。

7. 表彰奖励

1月14日，漳卫南局印发《漳卫南局关于表彰2013年度先进单位、先进集体的决定》（漳办〔2014〕2号），授予邢台衡水河务局“漳卫南局2013年度先进单位”荣誉称号。

1月21日，漳卫南局印发《漳卫南局关于2013年工程管理考核情况的通报》（漳建管〔2014〕3号）认为邢衡局所属清河局堤防达到部颁标准，邢衡局护堤地界桩布局紧凑，格外醒目。

1月23日，漳卫南局印发《漳卫南局关于表彰2013年度优秀公文、宣传信息工作先进单位和先进工作者的通报》（漳办〔2014〕3号），谢金祥被评为漳卫南局2013年度宣传报道先进个人。

2月11日，漳卫南局印发《漳卫南局关于表彰2013年度机关工作人员的决定》（漳人事〔2014〕8号），饶先进、赵轶群2013年度考核确定为优秀等次，予以嘉奖。

8月，职工王荣海荣获2013年度天津市五一劳动奖章。

1月13日，根据民主测评，邢衡局党委研究，确定2013年度职工考核优秀人员为：

参公人员（不含4名处级干部）优秀：杨志伟　王建新　吴贵生

事业人员考核优秀：张宝华　高　峰　杨秀静

企业人员考核优秀：曹维付

1月16日，邢衡局印发《关于表彰2013年度目标管理先进单位（集体）的决定》（漳邢衡办〔2014〕2号），决定授予清河局、办公室、人事科为“邢衡局2013年度先进科室（单位）”荣誉称号并予以通报表彰。

2月17日，邢衡局印发《邢衡局关于表彰2013年度优秀机关工作人员的决定》（漳邢衡人〔2014〕3号），王建新、吴贵生2013年度考核确定为优秀等次，予以嘉奖。杨志伟2011—2013年连续三年考核被确定为优秀等次，记三等功一次。

【财务管理与审计】

依照上级批复的部门预算，按进度申请国库集中支付额度；配合财政部驻河北专员办完成了调研和财务检查工作，实行重大财务报告制度。按照漳卫南局的要求完成公务用车专项治理自查及2013年预算执行自查工作。

参加海委、漳卫南局组织的各项审计工作，落实规范内部审计，对水管单位预算执行情况、维修养护经费使用情况进行了专项检查，对发现的问题督促整改落实。协助漳卫南局监察审计处完成对饶先进局长的离任审计，对养护公司财务收支情况进行检查审计。

【安全生产】

1月15日，召开邢衡局2014年安全生产工作会议，与基层单位及后勤中心签订安全生产责任书，安排部署安全生产标准化建设工作。组织2014年安全生产知识竞赛和安全生产征文活动，进行安全生产宣传和检查工作。

7月15日，举办"邢衡局2014年安全生产培训班"，安排部署邢衡局安全生产各项工作。把影响安全的薄弱环节和隐患分门别类登记造册，有重点地抓好车辆运行、防火防盗、工程施工等关键环节的管理，全年未发生任何安全生产事故。

【综合管理】

1月24日，召开2014年工作会议，贯彻落实漳卫南局工作会议精神，回顾总结2013年工作，安排部署2014年工作任务。王海军副局长作题为《以十八届三中全会精神为指引 实现我局各项工作新跨越》的工作报告，各基层单位负责人进行交流发言，对2013年度先进单位（科室）进行通报表彰。

5月9日，新一届领导班子成立。局领导班子率有关人员利用5天时间，走上堤防查问题，深入基层听建议，分别召开各种座谈会10次，问卷调查、谈话30余人次，虚心听取干部职工对解决存在的问题、改进工作作风和单位发展的建议。

完善目标管理考核办法和体系，做好任务分解并落实到人，强化目标管理的日常考核，坚持定期检查、狠抓落实，使内业资料整理及档案管理进一步规范；狠抓制度建设，对原有的65项制度进行了"废、改、立"，废除6项，修改16项，新立制度8项并汇编成册。

加强基础工作，搞好年度调研。2014年，文件归档18卷，共187份，收文151份，发文68份。在漳卫南运河网、水信息网及中国水利报等媒体共发表稿件40余篇。撰写题为《影响当前堤防绿化发展的因素及对策》的年度调研报告。

在对办公用房占用情况进行自查的基础上，制定《邢衡局办公用房清理整改实施方案》，对超面积办公用房进行了腾退，全局共清退办公用房面积220余平方米。

【党群工作和精神文明建设】

2014年，按照漳卫南局党委的统一部署，邢衡局教育实践活动转入整改落实、建章立制环节。在开展"回头看"活动中，按照"五对照，五解决"的原则，制定了整改方案、专项整治方案以及制度建设计划，针对征求到的意见和建议，进一步完善整改方案，对职工提出的诉求，落实整改措施。更新了乒乓球台桌等健身器材，对活动室、图书室进行了调整充实，改善了职工活动场所环境；制定了党委成员基层调研制度；及时了解职工心声和诉求，解决职工的实际问题，将职工体检每两年一次改为一年一次；组织职工参加漳卫南局工会组织的职工五一健身月、羽毛球选拔赛以及漳卫南局第二届"大禹杯"青年男子篮球赛等一系列活动；举办邢衡局“迎国庆”文体比赛活动；组织机关职工赴临西县下堡寺镇东留善固村参观吕玉兰纪念馆。召开纪念建党93周年座谈会，在全局开展社会主义核心价值观学习活动。

清河局职工王荣海被天津市总工会授予“2013年度天津市五一劳动奖章”。完成全局市级文明单位的复核。局机关、临西局和清河局继续保持邢台市文明单位；故城局继续保持衡水市文明单位。

【党风廉政建设】

制定《邢衡局2014年党风廉政建设和反腐败工作实施意见》《邢衡局2014年党风廉政建设考核指标体系》等配套措施，对本年度党风廉政建设工作任务进行了责任分解和落实，与基层单位签订《党风廉政建设目标责任书》和《局属各单位、机关各部门负责人党风廉政建设承诺书》。共实施廉政谈话10人次，受理群众来信6封。在办公楼内悬挂廉政格言警句、廉政文化作品；制作廉政桌牌、廉政文化墙；廉政文化进工地，在工地现场制作廉政警示宣传牌，悬挂反腐倡廉标语。

沧州河务局

【工程建设与管理】

召开5次工程管理专题会议，安排部署各阶段的工作任务。编制完成2014年工程维修养护计划和2015年维修养护设计。全年完成水利工程维修养护总投资864.42万元。

举办维修养护知识培训班，对维修养护工程相关资料整理过程中易出现的问题进行剖析。开展“守边界打围墙”活动，2014年回收护堤地10.65延米。开展堤防绿化，共植树20000余棵。

加强工程日常维修养护，对汛前、汛期、汛后、年底四个时间点的工程面貌进行控制，开展水管单位月度考核和主管单位季度考核，完成维修养护任务。8月，在东光局白马关险工堤段开展植草试验，共种植3700m^2，成活率达到98%。

推行物业化管理，成立深化水管体制改革领导小组，组织人员考察公路和物业公司的管理流程，制定《物业化管理实施方案》和《考核办法》，拟将沧州局堤防工程划分为20个养护段，成立20个养护队。队长与养护公司签订日常维修养护承包合同，负责该堤段的承包实施和承包人的选拔管理。制定了千分制考核标准和奖罚分明的激励机制，公司月度考核，水管单位复核。9月，在东光局试点，探索管理方法，积累管理经验。10月，在吴桥漳卫新河左堤推行物业化管理。

完成专项维修养护项目的建设任务。质量监督小组加强混凝土浇筑、柏油路基础灰土、沥青混凝土面层、堤防土方填筑等关键工序和关键部位的质量管理，用视频和照片记录施工过程，全程跟踪混凝土试块、沥青混凝土压实度、基础灰土压实等试验的取样检测。2014 年共完成堤防精细化建设 10.65km，维修柏油路面 5179m^2，制作安装大型宣传牌 23 个。

开展东光局海委示范单位复核工作。3 月，对东光局组织管理、安全管理、运行管理和经济管理的各项工作逐条梳理，制定整改方案。11 月，东光局以 903.2 分的成绩，通过海委示范管理单位复核。

【水政水资源】

开展漳卫新河河口治理相关工作，完成河口划界界桩埋设的初步设计和界桩制作。加强河口治理宣传，发放宣传材料 2000 余份。

世界水日、中国水周期间，开展丰富多彩的水法规宣传活动。12 月 4 日，围绕“弘扬宪法精神，服务科学发展”主题，利用集市散发《宪法》、水法律法规及河口治理宣传材料 2000 余份，在市区主要街道利用 LED 电子屏对《水法》《防洪法》等进行为期一个月的宣传。

落实水政执法巡查制度和水事案件查处应急预案，发现并上报南皮局寨子堤段倾倒化工废料引发环境污染案件，查处吴桥、南皮河道取土案两起，分别责令当事人缴纳滩地损毁补偿费并恢复堤防原貌。加强水政执法队伍建设，提高水政人员的法律知识水平和依法行政能力。组织人员学习船只运行维护与保养知识。

开展河湖专项执法工作。对堤防乱堆乱放、倾倒垃圾及违章建筑等进行清理整治，共拆除违章房屋 50m^2，清运垃圾 2400m^3。完成海兴简易码头的施工验收，安装河口视频系统并投入使用。

完成京沪高速跨岔河大桥防倾覆护砌及济乐高速跨漳卫新河大桥、冀鲁友谊大桥等工程的监督管理，对石济铁路客运专线工程相关事宜进行沟通。

落实取水许可制度，加强取水许可日常监督管理，完成取水许可证的换发和 24 处取水口的检查、统计和上报工作。

【防汛工作】

开展汛前检查，编写《2014 年汛前检查报告》，修订《2014 年漳卫新河左堤防洪预案》，上报漳卫南局和地方防指；召开防汛会议和防汛再动员会议，传达漳卫南局防汛会议精神，部署各阶段防汛任务。完成年度防汛费项目，加强防汛物资管理，对防汛仓库进行维修加固，完善防火防盗措施。

统计上报 2014 年雨水毁情况。检查落实在建涉河工程度汛应急预案。加强与地方防指沟通，做好河道清障工作。

【人事管理】

1. 人事任免

2014 年 7 月，任命王德为海兴河务局副局长（正科级），主持工作（沧任〔2014〕44 号）；免去齐勇海兴河务局局长职务（沧人〔2014〕60 号）；免去王德办公室副主任（正科级）职务（沧任〔2014〕44 号）；调任齐勇为盐山河务局科级干部（享受原正科级待遇，沧人〔2014〕61 号）。

8 月，公务员李肖洁、王莹试用期满，考核合格。任命李肖洁为财务科科员，王莹为工程管理科科员（沧人〔2014〕52号）；聘任王小虎为沧州市沧盛水利工程有限公司副经理（试用期一年，沧任〔2014〕44号）。

10月，经任职试用期考核合格，任命林立新为财务科科长（沧人〔2014〕68号）。

2. 机构编制统计和报告制度

5月，按照漳卫南局要求规范劳动用工管理。沧州局及所属单位劳务派遣用工18人，临时工1人。

7月，招录1名公务员和1名事业人员，按照人员招录程序，对公务员拟招录人员进行了政审考察工作。

8月，根据中央机构编制委员会和水利部要求，组织开展了机构和人员编制核查工作（沧人〔2014〕51号）。

3. 退休审批制度

3月，办理海兴局职工刘如丙的退休及社保手续；完成了南皮局刘桂荣退休人员养老金调整手续。

4. 职工培训

2014年，沧州局共举办工程管理、水政监察、焦裕禄精神、堤防绿化种植技术、三大转变、五大支撑系统讲座等培训班11个，累计参加培训人数460余人次；参加网络培训人数120余人次；参加上级培训人数30余人次。

5. 人员变动

截至2014年12月底，沧州局在职职工75人，其中：参照公务员法管理人员47人，事业人员16人，养护公司12人。2014年7月招录公务员1名、招聘事业人员1名。离退休人员45人，其中，离休人员2人、退休人员43人。

6. 职称评定和工人技术等级考核

2014年7月，李肖洁、高洁被漳卫南局认定为助理会计师，王莹、李鹏飞被漳卫南局认定为助理工程师。

7. 人事档案

8月，按照漳卫南局办公室关于做好干部人事档案改版工作的通知，以现职干部人事档案为重点，做好档案材料归档、目录调整和卷盒更换等工作。完成人事档案的日常管理工作。

8. 离退休工作

春节前，对全局离退休同志进行逐一走访；9月下旬，开展走访慰问两名离休老干部、老党员活动。

9. 人才队伍

11月，编制完成水利发展十三五人才队伍建设规划体系。

10. 党委工作

1月，选派处级干部刘铁民、科级干部张铁天驻村帮扶。

7月，任命王德为海兴河务局支部书记；免去齐勇海兴河务局支部书记职务。

7月，推荐刘艳海为沧州市优秀共产党员。

11月，召开了党员大会，林立新和祖秀琢两名预备党员按期转正。

【纪检监察及党风廉政建设工作】

召开党风廉政建设主体责任座谈会，签订《各单位、各部门主要负责人党风廉政建设承诺书》《基层各单位、机关各部门党风廉政建设责任书》和《领导班子成员党风廉政建设承诺书》。印发《沧州局2013—2017年廉政工作规划》《中共沧州河务局党委关于2014年党风廉政建设和反腐败工作的实施意见》《中共沧州局党委关于印发沧州河务局2014年党风廉政建设考核指标体系的通知》《中共沧州局党委关于进一步落实党风廉政建设主体责任的意见》《中共沧州局党委关于加强廉政文化建设的实施意见》《中共沧州局党委关于调整党风廉政建设责任制领导小组成员及责任分工的通知》。

【审计工作】

落实沧州局年度审计工作计划。开展水利工程维修养护经费的审计。完成2013年水利工程养护经费使用管理的审计。出台《沧州局差旅费管理办法》《公用经费使用管理办法》。5月，针对漳卫南局审计组对原负责同志离任审计发现的问题进行了整改。

【精神文明建设】

创办沧州局"新河职工讲堂"，邀请漳卫南局原副局长宋德武和漳卫南局办公室人员进行授课。举办建国六十五周年"微观·美丽漳卫新河"摄影展，共展出五大类90余幅图片。组建女职工合唱队。

推进文明单位创建，开展市级及省级文明单位申报工作。东光局保持省级文明单位称号，沧州局机关、吴桥局、南皮局、盐山局、海兴局保持市级文明单位称号。

【综合管理】

在全局系统内实行目标管理，进行目标考核。健全水政、防汛及工程管理等方面的规章制度。加强宣传，完成刊发工作简报59篇，被漳卫南局网站录用30篇，水信息网录用1篇，中国水利报刊登2篇。

【安全生产工作】

落实安全生产责任制。修订制定安全事故、预防和处置突发水事案件、车辆安全等8个应急预案。编制落实安全生产月活动实施方案，组织开展安全生产月活动，观看安全教育片《公共安全教育》《办公室安全》；张贴宣传画册；参加全国水利安全知识网络答题活动。开展安全检查，对单位用电、车辆、防火、安全保卫及通信线路进行排查。改造机关供暖系统，彻底解决供暖设备老化带来的安全隐患，设置警示护栏以避免办公楼北侧凸起外墙坠落伤人。

【财务管理】

编制2013年度决算和2015年度预算。修订完善《公用经费使用管理办法》《差旅费管理办法》等规章制度。完成事业单位房产、车辆、土地等固定资产的产权登记。

【综合经营】

对济乐高速跨漳卫新河大桥堤防占压费进行落实，同地方政府协商洽谈埕口桥以下堤顶公路收费站建设，对车流量和路面损毁分别进行监测与录像取证。

成立水土资源开发利用领导小组，制订水土资源开发经营规划方案，打破村庄界限，推行联合承包，实现土地开发集约化、规模化。以南皮局土地资源开发为试点，制定了南皮局苗木基地建设和树木更新规划。探索海兴局滩地有偿使用机制。规范合同管理，梳理种植承包和房屋租赁合同，废止已过期、不履行、不规范的合同，建立承包合同核查年审制度。

德州河务局

【工程管理】

1. 维修养护管理

细化工程管理内容，制定考核标准。3 月，向漳卫南局上报 2014 年水利工程维修养护实施方案；6 月，完成 2015 年水利工程专项维修养护设计，并上报漳卫南局。

开展对所辖堤防工程和西郑分洪闸、牛角峪退水闸的维修养护工作，全年完成堤顶硬化 8.1km，标准化堤防建设 4.7km。各水管单位分别与维修养护公司、质量监督站、监理公司签订维修养护施工、质量监督和监理合同；德州局每季度组织对各水管单位开展一次质量检查和考核；7 月，下发《德州局关于加强专项维修养护工程施工管理的通知》（德工〔2014〕21 号），对施工单位提出要求，进行 9 次质量抽查，并向施工单位反馈，督促整改。各水管单位每月对养护公司进行考核，不定期地对维修养护质量进行检查。

9 月，召开由局属各单位、机关各部门负责人参加的工程管理推进会，督促各水管单位推行日常维修养护物业化工作。完成《河道堤防工程巡查制度》等 12 项规章制度；完成工程观测、内业资料和科技档案整理工作。

2. 工程绿化

实施堤防美化、绿化工程，全年种植防护树木 7 万余棵，多处城乡结合部绿化难点段、薄弱段得到解决。

3. 海委水利工程示范单位验收

做好夏津河务局海委水利工程示范单位复核准备工作。11 月 17 日，经专家组考评验收，夏津河务局以 885.4 分通过复核。

4. 水利景区建设

在所辖的减河、岔河、南运河等城区河段，协调和配合地方有关部门建设完善水文化景观，先后接待水利部发展研究中心、水资源司，宁波市水利局、廊坊市水利局等单位调研。

【防汛抗旱】

1. 防汛备汛

4 月上旬，组成检查组对所辖工程体系、通讯设施、物资储备等情况进行检查。4 月 24 日，分别以德汛〔2014〕1 号文和德漳汛〔2014〕1 号文向漳卫南局和德州市防汛抗旱指挥部上报汛前检查报告。6月9日，成立德州市防指漳卫河办公室，领导班子成员进行分工包河，督促沿河各市（区、县）落实以行政首长负责制为核心的各项防汛责任制。6月15日开始，实行防汛昼夜值班。7月1日，召开了2014年度防汛工作会议。7月2日，举办防汛抢险知识培训班。7月8日，下发《德州局关于加强汛期工程管理工作的通知》（德工〔2014〕20号），要求抓住汛期有利时机，抓防汛、促管理。7月28日，制定印发德州局防汛应急响应工作规程。汛期，掌握工程雨毁情况，完成雨毁项目设计上报工作。汛后，上报防汛工作总结。

2. 预案编制

修订《德州市2014年度漳卫河防洪预案》，报德州市防汛抗旱指挥部批准。5月27日，德州市防指转发沿河市（区、县），市防指成员单位贯彻执行。

3. 涉河建设项目、水利景区管理

与管理范围内的涉河建设项目、岔河锦绣川景区、减河湿地公园景区、卫运河河道浮桥等相关管理单位建立协调管理机制，督促制定防汛预案，指导开展防汛工作。河道行洪期间，协调德州市防指、漳卫南局做好减河、岔河、南运河和恩县洼滞洪区内涝的泄洪调度，关注流域汛情和工程运行状况，向水利、城管、景区、涉河项目等相关责任单位发布汛情信息，督促清除壅水、阻水障碍，所辖工程安全度汛。

4. 水文测报

自5月31日至9月30日，每日进行水文报汛，测报西郑分洪闸和牛角峪退水闸水位，发送报文123份。完成水文站网基础信息调查统计、2014年海河流域水文测报项目的实施以及2015年项目预算上报。

【水政水资源管理】

1. 法制宣传

印发2014年普法依法治理工作计划（德水政〔2014〕6号）。“3.22”世界水日、中国水周期间，组成宣传小组深入沿河6个市（区、县）开展宣传工作。加强执法巡查，制止违章种植3起，清除垦堤种植65亩，清理堤防垃圾25处。

2. 深化河湖专项执法活动

对管理范围内涉河建设项目开展拉网式巡查，重点对2013年1月—2014年4月海委审批的5处建设项目及2013年专项执法检查活动中发现的违法违规项目（行为）整改情况进行全面检查，对德州市高铁新区热力有限公司热力管道违章跨河案进行重点督办，督促办理行政许可手续；对主体工程已竣工、防护补救措施及配套工程未完工的德州市天衢东路减河大桥新建工程，督促项目法人严格执行项目审批的行政许可文件，落实防护补救措施及防洪配套工程，督促参建有关单位认真落实防汛预案。

专项执法期间，重点推进管理范围内违章建筑、违章种植的清理，累计清理垃圾1120m^3，拆除违章建筑84间，计4975m^2。

3. 春季水政专项执法活动

在春季专项执法活动中，对城乡结合部尤其是德城区“三河六岸”等水事案件易发堤段开展了徒步拉网式巡查，集中清运堤防垃圾。对发现的违章种植苗头现象，加以预防和制止。专项执法活动共巡查堤防220km，依法立案查处非法取土案件1起，预防违章种植 260 亩，现场制止倾倒垃圾行为 15 起，清运建筑垃圾 220m³，维护河道水事管理秩序。

4. 执法能力建设

举办 2 期执法业务培训班，模拟各水管单位分别出现违章建设、垦堤种植、非法取土等不同类型的突发水事案件场景，执法人员按照预案进行现场处理。处理完毕后，由与会人员从执法程序、文书制作、工作效果等方面进行分析点评，提高突发水事案件的处理能力。

2014 年，在所辖的漳卫新河堤防安装监控点 23 处，涉及德城局、宁津局、乐陵局、庆云局四个水管单位，在德州局机关设立监控室，由水政监察人员负责系统管理，提高水政执法的水平。

2014 年，德州局被海委授予“优秀水政监察支队”荣誉称号。

5. 水资源管理与保护

对所辖各穿堤涵闸、引水口、排水口实施监督检查，查看是否有新增排污口、取水口，以及水污染突发事件，并做好巡查记录。常态观测 7 个入河排污口，全年两次进行流量监测及水样采集。8 月下旬，配合引黄输水工作，对南运河输水线路排污口情况进行集中排查，经查发现：南运河污水集水管网有 5 处渗漏，桥口闸生活污水直接排放。向上级汇报，向德州市环保局发函，督促相关部门对污水管网采取维修加固措施，关闭桥口排污口涵闸。

【卫运河治理树木迁占】

9 月，成立由副局长马宪德为组长，李永春、何清华、李于强为成员的卫运河治理工程树木迁占工作领导小组，具体负责卫运河右堤的树木清点、树木采伐、迁占赔偿、地方协调等相关工作。

【人事管理】

1. 干部任免

9 月 18 日，经任职试用期满考核，任命唐绪荣为工管科科长（德人〔2014〕7 号）；经任职试用期满考核，任命刘利为庆云河务局局长（德人〔2014〕7 号）。11 月 4 日，任命陈巍为宁津河务局副局长（主持工作，试用期一年）。

2. 人员交流

1 月 7 日，夏津河务局温荣旭交流到工程管理科，乐陵河务局阮荣乾交流到水政科；3 月 24 日，宁津河务局逯杉、乐陵河务局任晋杰交流到工程管理科。

3. 表彰奖励

2014 年 2 月，对 2013 年度获奖情况进行通报（德办〔2014〕1 号）：德州局荣获德州市人民政府“2013 年度中心城区城市建设工作先进单位”荣誉称号；德州局荣获德州市委市直机关工委“市直先进基层党组织”荣誉称号；德州局荣获海河工会“海委系统工会工作先进集体”荣誉称号。德州局授予夏津河务局、庆云河务局“2013 年度先进单位”荣誉称号；授予武城河务局、乐陵河务局“2013 年度‘职工小家’建设先进单位”荣誉称号；授予德城河务局“2013 年度经营创收工作先进单位”荣誉称号；授予宁津河务局“2013 年度绿化工作先进单位”荣誉称号；授予财务科、工管科“2013 年度先进集体”荣誉称号。李文军、商荣强荣获德州市人民政府“2013年度中心城区城市建设工作先进个人”荣誉称号。授予蔡吉军、陈巍、肖玉成、刘利、崔莹莹、唐绪荣、李梅、蔡丽英、鲁敬华、何清华、王立杰、刘洪、徐秀梅、邢兰霞、顾鹏娟、许金晶、刘磊、刘新华、张宝利、徐明明、邵红燕、刘杰、满炳涛、霍保雷、乔秀荣“德州河务局2013年度先进个人”荣誉称号。

4. 职工考核

2014年12月，经民主测评，德州局党委研究决定，确定2014年度考核优秀等次人员。参照公务员法管理优秀人员：雷冠宝、陈卫民、肖玉成、刘利、唐绪荣、崔莹莹、赵全洪、商荣强；事业优秀人员：鲁敬华、何清华、王立杰、赵斌、徐秀梅、杨玉龙、顾鹏娟、许金晶、张洪升、刘磊、崔占民；鬲津公司优秀人员：徐明明、邵红燕、周雯、伊清岭、霍保雷、李勇。

5. 职工培训

2014年，德州局共举办各类培训班10个，参加培训人数1188人次；有42人次参加海委、漳卫南局及地方有关单位举办的培训班；7名处级干部参加了水利部处级干部网络培训，均完成50学时以上的学习任务。

【安全生产】

每月对水利工程建设、水利工程运行、综合经营等方面进行隐患排查。2014年1月，局长刘敬玉同局属6个水管单位、综合事业中心、后勤服务中心、鬲津水利有限公司主要负责人签订年度安全生产目标责任书；3月，局长刘敬玉作为德州河务局法定代表人向德州市安全生产监督管理局签订安全生产承诺书。

3月，印发2014年度安全生产工作要点（德工〔2014〕9号）；5月，印发2014年度“安全生产月”活动实施方案（德工〔2014〕19号）；7月，下发《关于进一步明确安全生产责任体系的通知》（德工〔2014〕22号）；9月，制定印发集中开展“六打六治”打非治违专项行动工作方案。

6月，完成十二类应急预案的补充，并上报漳卫南局；设立安全生产咨询台；7月，举办安全生产培训班，组织开展消防设施使用演练。

2014年实现全年安全生产无事故。

【党的建设】

5月，下发《关于认真学习贯彻习近平总书记系列重要讲话精神的通知》（德党〔2014〕3号）；9月，下发《关于认真学习贯彻中国共产党发展党员工作细则的通知》（德党〔2014〕6号），对发展党员工作作出规范。6月，组织开展纪念建党93周年庆祝活动，党委委员、副局长肖玉根给机关全体党员上党课。10月，发展二支部程献楠为中共预备党员。

重点抓好教育实践活动整改方案的落实。2月，德州局党委召开党的群众路线教育实践活动总结大会。12月，召开2014年度党组织书记“双述双评”会议。

【精神文明建设】

改善基层水管单位办公和生活条件，完善食堂、浴室、图书室、活动室等文体设施，夏津局、武城局、乐陵局、庆云局等单位把院落空闲地建成职工菜园。推进文化建设，建设“楼道文化”。

3月，组织机关女职工参观除险加固后的牛角峪退水闸；4月组织青年职工开展运河文化考察活动。8月份，组织全局干部职工开展社会主义核心价值观网上答题活动。

【党风廉政建设】

召开2014年度党风廉政建设工作会议，同局属各单位、机关各部门主要负责人签订党风廉政建设目标责任书。在党员领导干部、参公人员中集中开展了在企业或其他营利性组织中兼职（任职）清理活动。召开落实党风廉政建设主体责任会议，层层签订了责任书、承诺书。修订劳动纪律管理规定，组成专门小组，对作风建设和纪律执行情况进行监督检查。对局属各单位、机关各部门落实中央八项规定、“小金库”自查自纠工作情况进行了专项检查。修订公务出差审批管理、差旅费管理办法、公车管理、内部公务接待等相关规定，对公务出差和公车使用行为进行规范。成立办公用房清理整改领导小组。12月，对办公用房进一步清理整改。

【领导关怀】

1月6日，海委主任任宪韶一行到武城河务局走访慰问。

5月5日，山东省水利厅副厅长刘建良检查牛角峪退水闸防汛工作。

5月27日，山东省民政厅副厅长王建东率山东省防指第四防汛综合组检查牛角峪退水闸和陈公堤防汛工作。

6月5日，山东省委常委、常务副省长孙伟一行到牛角峪退水闸、减河堤防、陈公堤检查指导防汛工作。山东省政府副秘书长高旭光，山东省水利厅厅长王艺华，山东省海河流域水利管理局局长唐传义，德州市委副书记、市长杨宜新，漳卫南局副局长张克忠等参加。

6月10日，河北省廊坊市水利局考察组考察调研减河、岔河工程管理工作。

7月22日，海委副总工丁则平一行检查德州局2013年度专项维修养护工程。

7月23日，黄委河南局局长牛玉国一行考察调研减河湿地修复治理工程。

10月24日，水利部发展研究中心副主任王海一行考察调研减河湿地修复治理工程。

11月6日，海委副主任兼漳河上游局局长于琪洋一行考察调研减河湿地修复治理工程。

岳城水库管理局

【工程建设与管理】

1. 工程管理

完成测压管、量水堰、大坝观测标点垂直位移（沉降）观测，进水塔、溢洪道裂缝伸缩缝变形观测，以及对水库大坝防渗墙进行电桥测量，并对各项数据进行了初步整理和分析。进水塔门机大修工程于4月20日开工，6月15日完工。通过多次荷载试车，各操作系统运行正常，完成初步验收，结论为合格。

2. 维修养护

3月，完成2014年维修养护工程实施方案的编制及上报工作。岳城局全年完成总投资481.67万元，其中日常维修养护239.21万元，专项维修养护242.46万元。主要工程内容包括：主体工程维修养护、启闭机维修养护、机电设备维修养护、附属设施维修养护、自动控制设施维修维护等，专项维修养护工程为进水塔门机大修。实施方案批复后，与养护公司、监理公司签订合同。工程已全部完成。

【水政水资源管理】

全年，多次联合地方有关部门开展尾水渠及河道内采砂综合治理执法，向各采砂户下达了《责令停止违法行为书》，并召集采砂户进行面谈。联合邯郸河务局、磁县公安局对岳城水库以下漳河无堤段河道采砂行为进行专项整治，联合磁县政府开展了库区非法旅游、餐饮摊点的集中清理工作。定期开展取水许可的检查工作，至少每月检查1次。4月、6月和9月分3次组织开展了库区周边排污口调查、监督和监测，重新调查核实了排污口数量，污染物种类等，初步分析了对水库水质的影响，翔实记录巡查信息，定期整理归档。每月配合漳卫南局水保处开展1次水质日常监测，配合完成入库排污口水质水量监测工作，上报水质水量及水污染信息。与邯郸市自来水公司、自来水水质监测中心、水资办、安阳市幸福渠管理处建立水质监测数据共享机制，对各方数据进行综合分析比对。4—11月，开展了水库藻类监测工作；5—10月，开展了生物毒性、富营养化等的监测工作；5月开展岳城水库水源地达标自查工作，编制完成达标自查报告。

【防汛抗旱】

3—4月，全面开展汛前检查。对所辖工程及非工程措施进行逐项检查，对供配电设施、闸门及启闭设施、水雨情测报设施、通讯设施、安全监测设施、防汛物料、抢险机械等进行重点检查，向漳卫南局提交汛前检查报告。修订完善了《岳城水库防洪预案》《岳城水库大坝安全管理应急预案》。

6—9月，圆满完成为南水北调中线干渠试验充水应急调水任务。

7月，岳城局召开2014年度防汛工作会议、岳城水库防汛指挥部工作会议，落实以地方行政首长负责制为中心的各项防汛责任制。加强防汛值班。

2014年，岳城水库供水2.85亿m^3，其中邯郸城市生活用水0.44亿m^3，邯郸生态水网用水1.59亿m^3；安阳城市生活用水0.15亿m^3，安阳农业用水0.21亿m^3，为南水北调中线总干渠充水试验补水0.46亿m^3。

【人事管理】

2014年，组织23人次参加国家职业资格考试，12人次参加职称考试。组织各类培训班7个，派员参加上级组织的各类培训56人次。完成了100余册干部人事档案改版工作。

3月，任命王小川为岳城水库管理局工程管理科（防汛抗旱办公室）副科长（试用期一年）、王亚伟为岳城水库管理局水政水资源科（水政监察支队）副科长（试用期一年）、谢吉亭为岳城水库管理局办公室（党委办公室）副主任（试用期一年）、李彦芳为岳城水库管理局工会副主任科员、郝丽芳为岳城水库管理局财务科副主任科员。

7月，任命蔡秀峰为水政水资源科科员、左晓楠为财务科科员。

3月，免去潘树智邯郸市天德水利工程有限公司经理（正科级）职务，退休。

3月，聘任朱庆东为邯郸市天德水利工程有限公司经理（试用期一年，聘期三年）。

11月，免去李彦芳工会副主任科员职务，退休。

【党群工作和精神文明建设】

制定2014年《党建工作计划》《干部教育培训计划》，按照邯郸市党建工作要点积极开展党建工作。党委中心组全年共学习12次。在党员干部中开展党的群众路线教育实践活动回头看、书记讲党课、反腐倡廉培训等活动。开展送温暖、博爱一日捐、“七一”慰问离退休党员及与有关单位的联谊等活动。做好库区和岳城驻地机关院内绿化管护，完善了库区水法规宣传标牌。

2014年，岳城局党委获得了邯郸市先进基层党组织称号，3名党员获得邯郸市农工委优秀党员或优秀党务工作者表彰；岳城局被评为2012—2013年度河北省省级文明单位。

【综合管理】

在工作会议上，对全年的工作进行安排部署。对部分制度进行修订完善，其中新建17项，修订完善16项。对涉及全局的重大问题，实行民主决策。做好信息报道工作，全年共印发信息动态38期，完成《漳卫南运河信息》投稿任务，按要求完成漳卫南局宣传信息量化考核指标，年底得分高于300分。

完成《南水北调中线通水后对岳城水库供水的影响》调研报告，上报漳卫南局。

财务管理、资产管理制度健全。科室经费实行包干制度，统筹资金使用，资产详细登记，贴签管理。按照“三重一大”制度，向漳卫南局报告重大财务事项。完成我局银行账户在河北省财政监察专员办的年检工作，银行账户年检合格。正确使用国有资产管理系统，账账、账物相符。

【安全生产】

按照有关规定对特种设备按时年检，定期维修养护，降低故障率和延长使用寿命。加强车辆、防火、用电等管理和安全生产应急管理。按照有关要求报送《安全生产报表》。5月，国务院安委会第四综合督察组检查我局安全生产工作时，对岳城局的安全生产工作给予了充分肯定。全年无安全生产事故。

【党风与廉政建设】

强化主体责任和监督检查，认真落实“一岗双责”，层层签订廉政承诺书。搞好廉政文化建设，组织党员干部观看警示教育片。坚持“三重一大”决策制度，强化决策监督。严格遵守中央“八项规定”“六项禁令”，在公务接待、公车管理、节能减排等方面压缩各项开支。一年来，全局未出现违反党风廉政有关规定的现象。

四女寺枢纽工程管理局

【工程建设与管理】

1. 日常维修养护

2014 年四女寺局日常维修养护项目投入经费 100.87 万元，全年主要对水工建筑物、闸门、启闭机、机电设备及附属设施进行经常化、日常化清洁和维护保养，定期检查、检测。完成养护土方 $1027m^3$，护坡勾缝修补 $510m^2$，钢丝绳保养 204 工日，机电设备维修养护 2037 工日，机房及管理房维修养护 $2100m^2$。

加强闸区环境治理，在北进洪闸、节制闸分别增设限行杆，对过往车辆进行限行。在南进洪闸堤防增设两个垃圾池，有效控制垃圾乱堆、乱放现象，同时增设警示标语，加强闸区安全管理。

2. 专项维修养护

2014 年四女寺局水利工程专项维修养护项目投入经费 81.39 万元，完成南进洪闸、节制闸启闭机房地面、屋面维修；节制闸上游卫运河左岸护坡维修；南闸检修桥桥面及南闸节制闸公路桥上下游立面维修；四女寺枢纽启闭系统维修维护；高压专线及输变电系统维护。主要工程量：PVC 地板面积 $594m^2$，碎石垫层 $50.3m^3$，护坡浆砌石翻修 $402.4m^3$，浆砌石护坡勾逢 $2012m^2$，C20 混凝土 $48.5m^3$，15 台套启闭机系统维护，高压专线及输变电系统维护 6.2km。

3. 水利工程维修养护实施方案

5 月 6 日，漳卫南局印发《漳卫南局关于四女寺局 2014 年水利工程维修养护实施方案的批复》（漳建管〔2014〕11 号），批复四女寺局 2014 年维修养护项目。其中专项维修养护 84.23 万元，日常维修养护 104.39 万元，共计 188.62 万元。

4. 枢纽绿化

自 3 月始，在枢纽工程管理范围内开展了大规模环境绿化活动。3 月 10 日，组织职工义务劳动，在办公楼前种植榆叶梅与樱花 200 多株。3 月 10—11 日组织职工对机关院内及枢纽周边大约 2000 余棵树木进行了病虫害防治。在美国白蛾高发期到来之前，集中对白蛾幼虫进行喷药处理。定期组织职工对管理范围内的杂草进行清除。全年职工义务劳动 1500 余人次。

5. 工程考核

12 月 1 日，召开工程管理考核整改落实专题会议，研究分析漳卫南局工程管理考核组提出的意见建议，安排部署相关整改工作。针对漳卫南局工程管理考核组提出的意见和建议，逐条进行了分析研究，并制定了具体的整改措施，责任到人。

【水政水资源管理】

1. 普法宣传

开展了纪念第 22 届“世界水日”、第 27 届“中国水周”宣传活动和“12·4”全国法制宣传日活动。利用办公楼大厅流动字幕播放宣传内容，并制作展板 10 块、张贴标语 50 余幅，组成水法宣传队发放法制宣传资料 1000 余份、手册 100 余册，在倒虹吸进出口闸喷刷水资源保护宣传标语。

2. 水政执法

（1）四女寺局与耿某煤球厂租赁合同纠纷一案，经德城区人民法院审理依法作出（2012）德城商初字第 1457 号民事判决书，后耿某不服上诉至德州市中级人民法院，经德州市中级人民法院审理依法作出（2013）德中民终字第 840 号判决书。判决生效后，耿某拒不履行义务，四女寺局于 2014 年 4 月 21 日，申请德城区人民法院强制执行。

（2）恒温库侵权问题。8 月 4 日，四女寺局向德州市供电公司印发《四女寺局关于北旺角冷库私自申请安装变压器的函》（四函〔2014〕2 号），要求德州市供电公司暂停为北旺角冷库办理新增变压器使用手续。

8 月 7 日，四女寺局向德州市供电公司印发《四女寺局关于北旺角冷库利用虚假土地使用证申请安装变压器的函》（四函〔2014〕3 号），告知北旺角冷库提供给德州市供电公司的集体土地建设用地使用证经我局咨询为虚假证件。如果德州市供电公司据此虚假证件为其安装变压器，由此造成的严重后果我局将诉诸法律解决，供电公司也将承担审查不严的责任。要求德州市供电公司认真审核北旺角冷库提供的集体土地建设用地使用证的真伪，并暂停为其办理新增变压器使用手续。

8 月 8 日，四女寺局向德州市国土资源局印发《四女寺局关于审核武集建（P1 土）字 0508 号集体土地建设用地使用证真伪的函》（四函〔2014〕4 号），要求德州市国土资源局依法审核恒温库（北旺角冷库）耿素梅向德州市供电公司申请安装变压器而提交的编号为武集建（P1 土）字 0508 号《集体土地建设用地使用证》的真伪，并将审核结果以书面形式告知四女寺局，从而维护四女寺局土地管理的合法权益。

12 月 20 日，德城区人民法院正式受理四女寺局起诉北旺角冷库侵权案件。

（3）确权划界。10 月 23 日，邀请德城区民政局杜丙新副局长及武城县民政局局长一行人对四女寺局确权划界工作进行会商。

【防汛抗旱】

1. 汛前准备

调整了防汛组织机构，明确各部门工作职责，调整防汛抢险队员。根据防汛工作新要求，结合枢纽工程实际，重新修订《四女寺枢纽工程防洪抢险预案》。成立了汛前检查小组，4 月 21—23 日对所辖枢纽工程的水工建筑物、闸门、启闭机及供电动力设备设施、防汛物料和倒虹吸工程进行全面检查，并将汛前检查情况上报上级部门。

2. 汛期工作

6 月 25 日，召开四女寺局 2014 年防汛抗旱工作会议，传达漳卫南局 2014 年防汛抗旱工作会议精神，安排部署本局 2014 年防汛抗旱工作。6 月 25 日，举行防汛知识培训班，对四女寺局工程管理人员和防汛抢险队员进行了抢险知识培训。7 月 21 日，召开防汛专题会议，对主汛期防汛工作进行安排部署。

3. 运行调度

严格执行调度令，安全组织工程运行调度，全年共动闸 9 次，都为南进洪闸动闸。

2014 年经四女寺水利枢组下泄水量为 6891 万 m^3。倒虹吸工程进口闸、出口闸各动闸 8 次，全年过水量为 2.78 亿 m^3。

【2014 年引黄入冀应急调水工作】

引黄倒虹吸工程第一次输水自 9 月 17 日提闸过水，至 9 月 28 日闭闸，历时 12 天，经倒虹吸出口过水总量 3848 万 m^3，第三店断面累计过水量 3721 万 m^3。四女寺局在倒虹吸工程出口闸和第三店水文监测断面实施流量测验共计 49 次，测沙 23 次。其中倒虹吸出口闸测流测次为 25 次，最大流量为 49.8m^3/s，采沙测次为 12 次，最大含沙量为 1.76kg/m^3；第三店断面测流测次为 24 次，最大流量为 52.1m^3/s，采沙测次为 11 次，最大含沙量为 0.274kg/m^3。

第二次输水自 11 月 1 日提闸过水，至 12 月 31 日闭闸，历时 61 天，经倒虹吸出口过水总量 2.40 亿 m^3，第三店断面累计过水量 2.36 亿 m^3。四女寺局在倒虹吸工程出口闸和第三店水文监测断面实施流量测验共计 241 次，测沙 122 次。其中，倒虹吸出口闸测流测次为 121 次，最大流量为 65.5m^3/s，采沙测次为 61 次，最大含沙量为 0.816kg/m^3；第三店断面测流测次为 120 次，最大流量为 63.4m^3/s，采沙测次为 61 次，最大含沙量为 0.428kg/m^3。

【人事管理】

1. 机构设置与调整

（1）1 月 24 日，成立四女寺局事业单位目标管理日常考核小组（四人事〔2014〕2 号）。

组　长：王国杰

副组长：杨丽芳　张绍钧

成　员：谢　磊　杨长柱　邱振荣　武　军

（2）2 月 27 日，成立安全生产事故应急领导小组（四工管〔2014〕2 号）。

组　长：李　勇

副组长：梁存喜　王国杰

应急办公室：工管科

成　员：何传恩　上官利　杨泳鹏　李秀婷　周云波　张绍钧　席　英　武　军
杨长柱　邱振荣　李晓阳

领导小组下设职能组，包括综合协调组、安全保卫组、新闻报道组、灾害救援组、后勤保障组、事故调查组、善后处理组。

（3）3 月 5 日，成立水政监察人员考核领导小组（四办综〔2014〕5 号）。

组　长：李　勇

副组长：梁存喜

成　员：杨泳鹏　何传恩　邱振荣

（4）6 月 6 日，调整 2014 年防汛抗旱组织机构（四工管〔2014〕7 号）。

1）局防汛抗旱工作领导小组。

组　长：李　勇

副组长：梁存喜　王国杰

成　员：何传恩　上官利　杨泳鹏　李秀婷　周云波　席　英　张绍钧　邱振荣
　　　　杨长柱　武军　李晓阳　宰维东（四女寺水文站）

2）职能组。

综合调度及抢险技术组：

组　长：何传恩

成　员：主要由工管科（兼防办）人员组成

情报预报组：

组　长：邱振荣

成　员：主要由倒虹吸工程管理所（水文站）人员组成

通信信息组：

组　长：武　军

成　员：主要由综合事业中心人员组成

后勤保障组：

组　长：杨长柱

成　员：主要由后勤服务中心人员组成

物资保障组：

组　长：李秀婷

成　员：主要由财务科人员组成

宣传动员组：

组　长：上官利

成　员：主要由办公室人员组成

检查督导（审计）组：

组　长：杨丽芳

成　员：主要由人事（审计）科人员组成

防汛抗旱办公室：

主　任：何传恩（兼）

副主任：李洪德　宰维东（四女寺水文站）

(5) 6月6日，成立2014年防洪抢险队（四工管〔2014〕9号）。

队　长：梁存喜

副队长：何传恩　李洪德

第一组：

组　长：王子忠

副组长：丁同喜　孟跃晨

成　员：上官利　周云波　刘玉兵　曲志勇　薛德武　王光恩　武　军　康晓磊
　　　　唐新洲　邱振荣　孙　磊　徐泽勇　胡　平　张　振　张　淼

第二组：

组　长：李晓阳

副组长：李春东　吴志文

成　员：杨长柱　杨泳鹏　张绍钧　张志军　韩洪光　王春刚　崔志华　吴　强
　　　　陈寿林　边文生　张洪元　王永鑫　李光桥　宋庆宇　孙炎渤

（6）7 月 16 日，成立四女寺局网络文明传播小组（四办〔2014〕16 号）。

组　长：上官利

副组长：武　军

成　员：宋庆宇　翟淑金　张俊美

（7）8 月 25 日，成立四女寺局工会经费审查委员会（四工会〔2014〕3 号）。

主　任：张绍钧

委　员：翟淑金　宋　萍　焦　敏

（8）8 月 26 日，成立了四女寺局确权划界领导小组（四人事〔2014〕5 号）。

组　长：李　勇

副组长：梁存喜

成　员：杨泳鹏　上官利　何传恩　张绍钧　杨长柱　武　军

领导小组下设办公室，办公室设在水政科，负责确权划界日常工作。

办公室主任：杨泳鹏（兼）

成　　　员：翟淑金　孟跃晨

（9）8 月 27 日，调整了四女寺局廉政文化建设领导小组（四党〔2014〕7 号）。

组　长：李　勇

副组长：梁存喜　王国杰

成　员：张绍钧　上官利　杨丽芳　李秀婷　席　英

领导小组职责：研究制定廉政文化建设相关规章制度；定期召开会议，分析解决存在的问题；对廉政文化建设示范单位创建活动进行督促检查；总结廉政文化建设的经验和有效做法。领导小组办公室设在监察审计科，负责廉政文化建设日常管理工作。

（10）12 月 9 日，成立四女寺局干部人事档案专项审核工作领导小组（四人事〔2014〕6 号）。

组　长：李　勇

副组长：梁存喜　王国杰

成　员：周云波　上官利　李秀婷　何传恩　杨泳鹏　席　英　杨丽芳　张绍钧
　　　　杨长柱　邱振荣　武　军　李晓阳

领导小组下设办公室，办公室设在人事科，负责干部人事档案专项审核工作。

主　任：周云波

副主任：杨丽芳　张绍钧

成　员：谢　磊　刘邑婷

2. 职工培训

2014 年举办了“高效固化微生物综合治理河道污水技术示范推广”技术培训班、保密知识培训班、安全生产知识培训班、防汛抢险及工程管理知识培训班、廉政知识培训班、水法规知识培训班、计算机应用培训班等各类培训班 9 期，参加培训人数 500 余人次，参加上级培训人数20余人次。

3. 表彰奖励

1月23日，四女寺局印发《四女寺局关于表彰2013年度优秀职工的决定》（四人事〔2014〕1号），机关参公人员周云波、张志军、谢磊被评为四女寺局2013年度优秀公务员。直属事业单位职工张洪园、王玲、宋庆宇被评为四女寺局2013年度优秀职工。

2月11日，漳卫南局下发《漳卫南局关于表彰2013年度机关工作人员的决定》（漳人事〔2014〕8号），梁存喜2013年度考核确定为优秀等次，予以嘉奖。李勇2011—2013年连续三年考核被确定为优秀等次，记三等功一次。

4. 职称评定

2014年7月，根据《关于印发新录用公务员试用期管理办法（试行）的通知》（人社部发〔2011〕62号），对2013年新录用2名公务员张俊美（办公室文秘）、陈冉冉（财务管理）进行试用期满考核。

2014年8月14日，漳卫南局印发《漳卫南局关于公布、认定专业技术职务任职资格的通知》，经海委高级工程师任职资格委员会通过，《海委关于批准高级工程师、工程师任职资格的通知》（海人事〔2014〕34号）批准孟跃晨、王玲具备工程师任职资格，任职资格取得时间为2014年6月9日。

截止到2014年12月，四女寺局在职职工49人，包括参照公务员法管理人员25人，事业人员24人。离退休人员41人，包括离休人员1人，退休人员40人。武城县弘泽水利工程维修有限公司在职职工17人，退休人员2人。

【驻村帮扶】

对夏津县东李镇镇中社区进行对口帮扶。四女寺局负责人多次深入帮扶社区，与镇党委班子研究商讨对口帮扶机制，对镇中社区对口帮扶办公用品，对社区特困家庭进行走访慰问。

【党建工作】

1月13日，印发《中共四女寺局党委关于印发党的群众路线教育实践活动“两方案一计划”的通知》，即《四女寺局党委党的群众路线教育实践活动整改方案》《四女寺局党委“四风”突出问题专项整治工作方案》和《四女寺局党委制度建设计划》。7月28日，接受漳卫南局党的群众路线教育实践活动整改落实巡回督导组对四女寺局整改落实情况进行检查。11月7日，召开专门会议传达习近平总书记在党的群众路线教育实践活动总结大会上的讲话及张胜红局长在漳卫南局党委中心组（扩大）学习贯彻习近平总书记讲话精神学习班上的讲话，就如何贯彻讲话精神、巩固活动成果、做好全局工作进行了具体安排。

6月20日，漳卫南局直属机关党委印发《关于表彰先进基层党组织、优秀共产党员和优秀党务工作者的通报》（漳机党〔2014〕1号）四女寺局第一党支部被授予“先进基层党组织”荣誉称号。李光桥（维修养护公司）、刘邑婷（倒虹吸管理所）两名党员被授予“优秀共产党员”荣誉称号。王丽苹（办公室）被授予“优秀党务工作者”荣誉称号。

【综合管理】

1月14日，漳卫南局下发《漳卫南局关于表彰2013年度先进单位、先进集体的决定》（漳办〔2014〕2号），四女寺局被授予“漳卫南局2013年度先进单位”荣誉称号。

1月23日，漳卫南局下发《漳卫南局关于表彰2013年度优秀公文、宣传信息工作先进单位和先进个人的通报》（漳办〔2014〕3号），四女寺局被授予“漳卫南局2013年度宣传信息工作先进单位”荣誉称号，上官利获得“漳卫南局2013年宣传信息工作先进个人”。

1月24日，召开四女寺局2014年工作会议，系统总结2013年各项工作，对2014年工作思路、工作目标及措施进行全面部署。会议还对该局2013年度优秀职工进行了表彰。

2月17—18日，为深入学习贯彻漳卫南局党委提出的“实现三大转变、建设五大支撑系统”的工作思路，四女寺局组织全体职工开展以《漳卫南局实现三大转变建设五大支撑系统实施方案》为主要考察内容的知识答题活动。

3月14日，四女寺局为山东省武城县四女寺镇清真寺重修捐助5吨水泥。

12月，在全国农林水利系统组织的“中国梦·劳动美·促改革·迎国庆”主题征文活动中，我局职工刘邑婷撰写的征文《秉承水文精神　奉献无悔青春》获得三等奖。

【领导关心】

1月5日，海委主任任宪韶在漳卫南局局长张胜红、党委书记张永明陪同下走访慰问四女寺局困难职工张传国。

4月1日，山东省政协副主席郭爱玲到四女寺枢纽调研。德州市政协主席袁秀和，德州市委常委、武城县委书记张传忠等领导陪同调研。

4月18日，水利部建设管理与质量安全中心主任段红东到四女寺枢纽调研。漳卫南局领导张胜红、徐林波陪同调研。

5月7日，国家发展改革委成本监审处副处长周鸿艳带领山东省成本监审处处长董秋立、河北省成本监审调查处及河南省成本调查局领导在漳卫南局副局长张永顺陪同下到四女寺局调研。

5月11日，兰州军区原司令员王国生一行10人到四女寺枢纽参观考察古运河。济南军区副司令员刘沈扬、德州市副市长董绍辉及四女寺局负责人陪同考察。

5月13日，海委副主任户作亮就基础设施建设到四女寺局调研，漳卫南局张胜红局长陪同调研。

5月27日，山东省民政厅副厅长王建东带领省防指第四防汛综合检查组检查了四女寺枢纽工程。

6月10日，漳卫南局副局长靳怀堾到四女寺局调研。

8月8日，山东省文物局纪检组长陈钟到四女寺枢纽调研大运河文物保护工作，德州市副市长康志民陪同调研。

8月28日，沧州市市委常委、常务副市长陈平视察倒虹吸工程。

9月23日，漳卫南局总工徐林波到四女寺局考察倒虹吸工程引水和“高效固化微生物综合治理河道污水技术示范推广”项目。

9月24日，由人民网人民日报社山东分社主办，人民网山东频道承办的“大型直播报道——运河山东行活动”报道组到四女寺枢纽实地拍摄采访。

10月18日，水利部水资源司司长陈明忠、水利部水资源司副巡视员颜勇、水利部水资源司节水处博士唐忠辉一行到四女寺局调研，漳卫南局长张胜红、副总工于伟东陪同调研。

11月26日，海委工会副主席李怀宇一行对四女寺局开展基层工会规范化建设情况进行调研。

12月18日，漳卫南局副局长靳怀堎在局工会的陪同下到四女寺局慰问引黄入冀输水一线职工。

【财务管理】

4月4日，为进一步加强差旅费报销管理，制定印发《四女寺局工作人员差旅费管理办法》（四财〔2014〕2号）。

5月13日，漳卫南局印发《漳卫南局关于批复2014年预算的通知》（漳财务〔2014〕18号），根据《海委关于批复2014年预算的通知》（海财务〔2014〕27号）和财政部、水利部关于2014年预算编制的有关要求，批复四女寺局2014年预算。核定四女寺局2014年一般预算收入885.54万元（含财政拨款564.45万元）；一般预算支出885.54万元（含财政拨款564.45万元），其中基本支出816.54万元（含财政拨款495.45万元），项目支出69万元（全部为财政拨款）。核定四女寺局2014年政府性基金预算支出188.62万元，全部为项目支出。

5月15日，漳卫南局印发《漳卫南局关于水利基本建设项目竣工财务决算的批复》（漳财务〔2014〕17号），批复四女寺局职工饮水工程项目竣工账务决算。

7月17日，为加强资产管理，制定印发《四女寺局资产管理制度》《四女寺局固定资产管理办法》《四女寺局防汛仓库管理办法》（四财〔2014〕4号）。

9月2日，漳卫南局印发《漳卫南局关于批复2013年部门决算的通知》（漳财务〔2014〕35号），批复四女寺局2013年部门决算。

【精神文明建设】

1. 获得荣誉

（1）经复查合格，四女寺局被山东省精神文明建设委员会授予2014年度省级文明单位称号。

（2）2月18日，漳卫南局转发海委《关于表彰海委工会工作先进集体和优秀工会工作者的决定》（海水工〔2013〕6号），四女寺局工会获得“海委系统工会工作先进集体”荣誉称号。

（3）2月28日，德州市直机关工委印发《关于命名表彰2013年度文明科室的决定》（德直党发〔2014〕5号），四女寺局办公室获得2013年度“文明科室”荣誉称号。

2. 活动开展

举办“三八”国际妇女劳动节联谊会。组织青年职工开展“文明过清明 网上祭先烈”清明节主题活动。举办“五一”健身活动和庆“十一”趣味体育活动，组织职工30余人参加了漳卫南局机关及下游单位五一“健身月”活动。举办了以“中国梦·发现枢纽之美”为主题的摄影比赛。组队参加漳卫南局系统第二届羽毛球比赛，参赛选手武军、王玲分别夺得男子单打、女子单打冠军。翟淑金、王玲夺得女子双打季军。

【安全生产】

1月15日，召开四女寺局2014年安全生产工作会议。2月27日，制定《四女寺局安全生产事故应急预案》。5月12日，四女寺局召开专题会议，对全局通讯塔及防范高空坠物事故进行全面检查工作进行具体安排。6月，以“强化红线意识、促进安全发展”活动为主题，召开“安全生产月”活动动员会。

【新技术应用】

3月10日，四女寺局组织干部职工采用科学环保的缠裹胶带方法对机关院内及枢纽周边的树木进行病虫害防治。

水闸管理局

【工程管理】

1. 水利工程维修养护

2014年完成水利工程日常维修养护及专项维修养护项目总投资624.99万元，其中水利工程专项维修养护项目经费265.47万元，完成袁桥闸交通桥维修（26.8万元）、吴桥闸闸门操作设备维护（32.57万元）、王营盘闸动力电缆更换及引桥维修（32.85万元）、罗寨闸闸墩混凝土防碳化处理（34.31万元）、庆云闸闸门启闭计算机自动控制系统改造（51.08万元）、辛集闸上游检修桥整修（34.26万元）、无棣漳卫新河右堤堤顶沥青路面维修（53.6万元）等项目。

加强水利工程维修养护项目监管，召开维修养护工作座谈会，印发了《水闸局关于进一步规范水利工程维修养护工作的通知》《水闸局关于进一步明确水利工程专项维修养护施工质量责任体系的通知》，明确了项目前期工作、立项、实施全过程的监督管理及各方责任。

探索日常维修养护模式，2014年重点在祝官屯枢纽和无棣河务局堤防开展了日常维修养护物业化管理试点工作。

2. 祝官屯枢纽节制闸除险加固工程

7月15—17日，海委在山东省德州市主持召开牛角峪退水闸除险加固工程、祝官屯枢纽节制闸除险加固工程档案验收会。祝官屯枢纽节制闸除险加固工程档案得分94.1分，达到优良等级，通过验收。

12月8—11日，海委在山东省德州市主持召开牛角峪退水闸除险加固工程与祝官屯枢纽节制闸除险加固工程竣工验收会。祝官屯枢纽节制闸除险加固工程通过竣工验收。

3. 景观型工程建设

6月，祝官屯枢纽景观工程建成。工程占地60余亩，分为“青园”“观澜园”“安澜园”三个部分。

4. 水闸安全鉴定

配合漳卫南局做好袁桥、庆云闸的安全鉴定相关工作，提供设计、工程运行管理等技术资料，协助完成现场安全检测等工作。

5. 河道与水利工程划界确权工作

开展河道与水利工程划界确权调查工作，向漳卫南局提交《水闸局河道及水利工程划界确权情况调查报告》及《水闸局河道与水利工程划界确权实施方案》。

【水政水资源管理】

1. 水法规宣传

组织开展纪念第22届“世界水日”和第27届“中国水周”宣传活动及首个“12·4”国家宪法日宣传活动。“世界水日”“中国水周”宣传活动期间，共设立宣传站7个，悬挂横幅8条，出动宣传车7辆，散发宣传材料7000份，制作宣传专栏7个，张贴宣传标语140余条，发放《水资源法律法规知识学生读本》100本。“12·4”宣传活动期间，共设立宣传台4个，悬挂横幅7条，出动宣传车3辆，散发宣传材料2000余份，张贴宣传标语200余条。

2. 水行政执法

2014年，辖区内现场处理非法取土事件2件、修筑虾池事件3件，处理违章建房案2件，未发生重大水事违法案件。

深化河湖专项执法活动，加强漳卫新河河口管理工作：加大宣传力度，加强巡查，完成河口10个界桩埋设新增点的测量、统计工作，着手研究河口土地利用问题。

3. 供水与水费征收

2014年沿河用水户共引水7889万m^3。全年共征收水费188.41万元。

9月1日，《国家发展改革委关于调整部分中央直属水利工程供水价格及有关事项的通知》(发改价格〔2014〕2006号)文件出台，通知规定：自2015年1月1日起，漳卫南局所属拦河闸供农业用水价格调整为0.04元/m^3，供非农业用水价格调整为0.08元/m^3。为促进拦河闸新水价的落实，10月23日、29日、11月4日分别在河北省衡水市、东光县、山东省武城县召开了落实拦河闸新水价座谈会，并与沿河市县与会代表在执行新水价、实行计划供水以及漳卫南运河水资源统一调配等相关问题上达成共识。

【防汛抗旱】

落实工程检查责任制，对所辖水利工程设施进行汛前检查，报送汛前检查报告。无棣河务局还将河道、堤防存在的问题及时报告地方防指，督促有关方面解决。

6月，调整2014年防汛抗旱组织机构，明确防汛抗旱工作职责。召开防汛工作会议，安排部署防汛抗旱工作任务。汛前，重新修订《无棣县漳卫新河防洪预案》，明确防洪责任、防洪重点、各级洪水应对措施等，并上报滨州市防指；重新修订完善《水闸管理局各水闸防洪预案》。7月1日，在祝官屯枢纽举行了防汛抢险演习。

完成2014年26万元的防汛费项目，包括通讯设施维护、防汛指挥系统维护、防汛物资购置与管护、预案编制等。

加强水文工作，严格落实水文测站任务书，2014年报送水文基础信息460份，完成水文测验 5342 次（其中水位观测 5110 次，降雨量观测 224 次，水文巡测 8 次）。对基层单位水文设施设备进行维修养护；配合漳卫南局水文处完成辛集水文巡测设施设备建设工程，其中包括袁桥、吴桥、王营盘、罗寨、辛集水位站建设和测流设备采购。

【人事管理】

1. 机构设置与调整

（1）6 月 9 日，调整水闸局 2014 年防汛抗旱组织机构（闸工管〔2014〕32 号）。

组　长：张朝温

副组长：薛德训　贾　卫　王英臣　石　屹

成　员：李兴旺　王海燕　李风华　翟秀平　翟永英　韩玉平　孟淑凤　徐春云　金松森　范连东

职能组如下：

1）综合调度组：

组　长：李兴旺

成　员：主要由工管科（防汛抗旱办公室）人员组成

2）水情预报组：

组　长：金松森

成　员：主要由水文中心人员组成

3）清障组：

组　长：李风华

成　员：主要由水政科人员组成

4）物资保障组：

组　长：翟秀平

副组长：王长振

成　员：主要由财务科人员组成

5）宣传报道组：

组　长：王海燕

成　员：主要由办公室人员组成

6）防汛动员组：

组　长：韩玉平

成　员：主要由工会人员组成

7）检查督导组：

组　长：翟永英

成　员：主要由人事科人员组成

8）监察审计组：

组　长：孟淑凤

成　员：主要由监察（审计）科人员组成

9）通信信息及后勤保障组：

组　长：徐春云

副组长：范连东

成　员：主要由后勤服务中心、综合事业中心人员组成

10）机动抢险组：

组　长：刘红艳

副组长：黄永刚

成　员：主要由德州市兴河水利维修养护公司人员组成

11）顾问组：

组　长：杨志信

成　员：主要由退休有防汛经验的专家领导组成

12）防汛抗旱办公室：

主　任：薛德训

副主任：李兴旺

成　员：贾晓洁　刘　建　劳道远　苗迎秋

（2）11 月 18 日，成立水闸局节能减排工作领导小组（闸后勤〔2014〕74 号）。

领导小组的主要职责是：贯彻国家、水利部、海委和漳卫南局有关节能减排工作的精神和要求，研究部署水闸局及局属各单位节能减排工作，协调节能减排工作中的重大问题，检查督促各单位节能减排工作。

组　长：王英臣

成　员：王海燕　李风华　翟秀平　翟永英　李兴旺　徐春云　范连东　金松森

水闸局节能减排工作领导小组下设办公室。办公室设在后勤服务中心，负责水闸局节能减排监督管理、节能制度和节能措施的组织实施、能耗统计等具体工作。

2. 职工培训

2014 年，水闸局共举办防汛抢险、安全生产、水政水资源等培训班 10 个；先后组织参加各类网络培训 4 个。参加水闸局举办的培训班及网络培训共计 600 余人次；参加上级举办的各类培训班 58 人次。

开通了网络培训班，5 名处级领导干部和 1 名网络管理员参加了水利培训教育网的网络学习。

3. 人员变动

截至 2014 年 12 月底，水闸局在职职工 117 人，其中：参照公务员法管理人员 49 人，事业人员 52 人，养护公司 16 人。7 月招录公务员 1 名（李博）、招聘事业人员 2 名（罗志宝、刘艳秀）。离退休人员 40 人，其中，离休人员 1 人、退休人员 39 人（企业退休 1 人）。

4. 干部交流

5 月 27 日，水闸局印发《水闸局关于干部挂职交流的通知》（闸人事〔2014〕30 号），开展干部挂职交流工作：李磊任水闸局水政水资源科科员；劳道远任水闸局工程管理科副主任科员；张鹏任水闸局办公室副主任科员。以上人员挂职两年，时间自 2014 年 6 月 1 日至 2016 年 5 月 31 日。

5. 职称评定与事业编制人员岗位聘用

8月14日，漳卫南局印发《漳卫南局关于公布、认定专业技术职务任职资格的通知》（漳人事〔2014〕32号），经海委高级工程师任职资格委员会通过，海人事〔2014〕34号批准，张雪梅具备工程师任职资格。相应任职资格取得时间为2014年6月9日。

12月31日，水闸局印发《水闸局关于事业编制人员专业技术岗位聘用的通知》（闸人事〔2014〕80号），聘用：李娜为专业技术岗位十级；刘超（女）、郭全亮、刘爽、朱秀花、潘秀凤、贾守明、李建军、林桂田、邹光辉、宗学彪、高新宪为专业技术岗位十一级。聘期自2014年12月31日至2017年12月30日（聘期三年）。

12月31日，水闸局印发《水闸局关于事业编制人员工勤技能岗位聘用的通知》（闸人事〔2014〕81号），聘用：张恩生、王春生为工勤技能岗位三级；刘庆玲为工勤技能岗位五级。聘期自2014年12月31日至2017年12月30日（聘期三年）。

6. 人事任免

6月，对新招录的1名公务员（苗迎秋）和新招聘的1名事业人员（李泽光）进行了试用期满考核。

7. 表彰奖励

1月14日，漳卫南局印发《漳卫南局关于表彰2013年度先进单位、先进集体的决定》（漳办〔2014〕2号），授予水闸管理局“漳卫南局2013年度先进单位”荣誉称号；印发《漳卫南局关于表彰2013年度工程管理先进单位的决定》（漳建管〔2014〕2号），授予水闸管理局“2013年度工程管理先进单位”荣誉称号。

1月23日，漳卫南局印发《漳卫南局关于表彰2013年度优秀公文、宣传信息工作先进单位和先进个人的通报》（漳办〔2014〕3号），水闸局为2013年宣传信息工作先进单位、王海燕为2013年宣传信息工作先进个人。

2月11日，漳卫南局印发《漳卫南局关于表彰2013年度机关工作人员的决定》（漳人事〔2014〕8号），张朝温2013年度考核确定为优秀等次，予以嘉奖。

1月20日，水闸局印发《水闸局关于公布2013年度公务员和事业人员考核结果的通知》（闸人事〔2014〕1号）。考核优秀人员名单如下：

优秀公务员（6名）

王海燕　翟秀平　翟永英　李兴旺　姜洪云　姜东峰

优秀事业人员（7名）

郭全亮　朱秀花　徐春燕　李观起　孙文泉　李国兴　曹同才

其他参加考核的人员均为称职。

对在2013年度考核为优秀等次人员嘉奖一次。

1月27日，水闸局印发《水闸局关于表彰2013年度先进单位、先进集体的决定》（闸办〔2014〕3号），授予吴桥闸管理所、袁桥闸管理所、罗寨闸管理所“水闸局2013年度先进单位”荣誉称号，授予人事科、办公室、工管科、财务科“水闸局2013年度先进集体”荣誉称号。授予王营盘闸管理所“水闸局2013年模范职工小伙房”荣誉称号。

1月27日，水闸局印发《水闸局关于2013年工作创新获奖项目的通报》（闸工会〔2014〕4号），获奖名单如下：

工程技术创新项目

一等奖：庆云闸启闭机维护工具革新

二等奖：祝官屯闸启闭机绳孔封堵

工作管理创新项目

二等奖：袁桥闸电气设备维修养护常识

鼓励奖：罗寨闸门泄洪声讯报警系统

8. 劳动工资

根据德财综〔2012〕22号文件，补发在职参公人员2012年津贴补贴部分；根据德财综〔2013〕14号文件，补发离退休人员2013年津贴补贴部分。

【闸桥收费】

2014年，辛集收费站全年收入605.97万元。

【安全生产】

修订安全生产规章制度，编印《水闸局安全生产制度汇编》；层层落实安全生产责任制；开展了“安全生产月”活动。2014年，实现全年安全生产无事故。

5月，水闸局代表海委基层单位，参加了水利部安监司专家组对海委系统2013年度安全生产监督管理工作的考评。

【党群工作】

1. 党建工作

2月，召开水闸局党的群众路线教育实践活动总结大会。开展“两方案一计划”整改落实“回头看”工作，抓好整改落实后续工作。

6月，中共漳卫南局直属机关党委印发《关于表彰先进基层党组织、优秀共产党员和优秀党务工作者的通报》（漳机党〔2014〕4号），水闸局第三党支部被评为2013—2014年度先进基层党组织；郑萌、王静、杨金贵、张洪泉、张曼、韩滨被评为2013—2014年度优秀共产党员；李本安被评为2013—2014年度优秀党务工作者。

2. 党风廉政建设

落实党风廉政建设主体责任，印发《中共水闸局党委关于进一步落实党风廉政建设主体责任的意见》和《中共水闸局党委领导干部落实“一岗双责”的实施办法（试行）》，召开落实党风廉政建设主体责任座谈（约谈）会，签订党风廉政建设责任书、党风廉政建设承诺书。制定《水闸局“三重一大”实施细则（试行）》，开展“三重一大”决策制度落实情况自查。5月，中共德州市纪委印发《关于2013年度全市纪检监察信息工作成绩突出单位和个人情况通报》（德纪办发〔2014〕9号），水闸局被评为“2013年度全市纪检监察信息工作成绩突出单位”。11月，海委廉政文化建设示范单位考评组对水闸局廉政文化建设示范单位建设情况进行考评复审。

3. 精神文明建设

水闸局机关、祝官屯枢纽管理所、袁桥闸管理所复查合格，被山东省精神文明建设委员会授予2014年度省级文明单位称号。吴桥、王营盘、庆云闸管理所保持沧州市文明单位称号；无棣河务局保持滨州市文明单位称号。

防汛机动抢险队

【防汛工作】

2014年，按照漳卫南局工作会议精神和防汛会议的部署，落实防汛责任制，完善防汛工作流程。召开防汛工作会议，传达上级有关精神，部署防汛工作。加强汛期值班。调整防汛抢险组织机构，完善防汛抢险应急预案。开展防汛工作检查，对防汛抢险设备进行维修保养，加强物资管理，全面做好各项防汛抢险准备工作。

5月，举办防汛抢险技术培训班，学习中国水旱灾害概况、水旱灾害面临的问题与挑战、应对水旱灾害的对策等知识，重点学习漏洞、管涌、散浸、穿堤建筑物接触冲刷、漫溢、风浪、滑坡、崩岸、裂缝、跌窝十种堤防险情的产生原因及具体抢护方法。

【人事劳动管理】

1. 人事任免

5月16日，防汛抢险队解聘刘永义后勤服务中心主任职务，王吉祥主持后勤服务中心全面工作（抢险人〔2014〕12号）。

7月，漳卫南局党委免去刘志军同志的中共防汛机动抢险队委员会书记职务（漳党〔2014〕34号）。

8月，漳卫南局解聘刘志军的防汛机动抢险队队长职务（漳人事〔2014〕29号）。

2. 机构调整

5月30日，根据防汛抢险工作需要，对防汛抢险组织机构进行调整。

组　长：刘志军

副组长：段百祥　宫学坤　李永波　蔡立功

成　员：组国泉　潘岩泉　齐建新　代志瑞　彭闽东　刘恒双　赵清祥　薛善林　张雁北　王吉祥

领导小组办公室设在技术科，负责日常工作的组织开展，人员组成如下：

主　任：李永波（兼）

副主任：彭闽东

成　员：魏　杰　刘　洁

职能组：

①抢险组。

组　长：宫学坤

副组长：刘恒双　赵清祥　薛善林

成　员：抢险一、二、三分队职工

②设备组。

组　长：蔡立功

副组长：张雁北

成　员：物资供应中心职工

③技术组。

组　长：李永波

副组长：彭闽东　代志瑞

成　员：宋雅美等 9 人

④供应组。

组　长：蔡立功

副组长：王吉祥

成　员：后勤服务中心职工

⑤宣传组。

组　长：段百祥

副组长：俎国泉　潘岩泉

成　员：办公室、人事科职工

⑥统计组。

组　长：刘志军

副组长：齐建新

成　员：财务科职工

3. 人员变动

截至 2014 年 12 月 31 日，防汛抢险队有在职职工 104 人，退休职工 36 人。

4. 职工培训

职工教育方面，完成外培特种作业人员 25 人次，外培专业技术人员 276 人次，并启动了职工培训档案建档工作，规范培训管理。

5. 职称评定

2014 年，完成了 2 名专业技术人员、1 名工勤人员职称聘任工作，2 名试用期人员按时转正。

【综合管理】

1. 制度建设

2014 年，防汛抢险队先后制定出台《差旅费管理办法（暂行）》《医疗费管理办法（暂行）》《宣传信息工作管理办法》《公务接待管理办法》《会议管理办法》《督促检查工作办法》等制度。

2. 行政及财务管理

6 月，防汛抢险队完成 2013 年度单位文书档案的归档工作，整理形成永久 7 盒 87 件，30 年期 2 盒 26 件，10 年期 4 盒 41 件。

6 月底，防汛机动抢险队与水利部漳卫南局德州水利水电工程集团有限公司实现事企分离。

2013 年，编辑印发《信息简报》10 期。

事企分离后重新对相关财务规章制度进行了梳理及完善。做好日常财务管理工作，按要求完成了2013年度抢险队部门决算、2015年预算的编制上报及有关证件的年审、变更、换证等工作。开展了固定资产清查，并对号入座粘贴明细标签，明确保管人和使用人，加强固定资产管理。完成了2013年度中央直属单位内部审计情况年报工作。

【安全生产管理】

2月21日，召开2014年度安全生产工作会议。

进一步完善规章制度，规范安全生产工作。建立安全生产台账，分别与所属各单位（部门）签订了《安全生产管理目标责任书》，明确安全生产责任、工作目标和事故责任处罚内容。加强安全教育培训工作，组织观看安全警示教育纪录片，举办安全生产培训4次，进行消防演习。贯彻执行安全月检制度，防止安全事故发生。强化公务车辆的交通安全管理工作。开展“安全生产月”活动。

2014年，实现全年无安全事故的目标。

【党群工作和精神文明建设】

2月24日，召开党的群众路线教育实践活动总结会议，对教育实践活动进行全面总结。开展好党的群众路线教育实践活动有关工作，重点做好“两方案一计划”的整改落实。把教育实践活动的成果深入实际工作中，切实维护单位稳定发展大局。完成办公用房清理整改工作。

3月，以“加强河湖管理，建设水生态文明”为主题，开展第22届“世界水日”、第27届“中国水周”宣传活动，组织观看《人水法》宣传教育片——《江豚的微笑》。组织干部职工参加全国水利系统“基层水利职工读书读报提升素质活动”，有57名职工参加了网上在线答题。

4月25日—5月1日，按照《德州市安全生产监督管理局关于开展2014年〈职业病防治法〉宣传周活动的通知》的要求，组织开展职业病防治宣传活动。

组织开展多项文体活动。参与德州市慈善一日捐活动，捐电器、自行车、衣服等物品96件，捐款2100元。开展看望慰问老干部、老职工及困难生病职工等“送温暖”活动。

开展文明单位创建活动，通过2014年德州市文明办市级文明单位的年度检查。

【党风与廉政建设】

3月6日，召开2014年党风廉政建设工作会议。

4月，印发《防汛机动抢险队2014年党风廉政考核指标体系》，切实把党风廉政建设和反腐败工作融入单位工作的全过程。组织副科以上干部及全体党员观看警示教育片、学习党风廉政建设责任制相关文件等。

11月，组织召开党风廉政建设主体责任座谈会，安排部署落实党风廉政建设有关要求，并与各单位、各部门签订《党风廉政建设责任书》《党风廉政建设承诺书》。组织中层干部参加由漳卫南局组织的德州市廉政教育基地参观学习活动，接受廉洁从政教育。

德州水利水电工程集团有限公司

【公司概况】

水利部漳卫南局德州水利水电工程集团有限公司（以下简称集团公司）成立于1991年，是具有水利水电施工总承包二级资质的施工企业，注册资本金4315万元。可承揽不同类型的大坝、电站厂房、引水和泄水建筑物、通航建筑物、基础工程、导截流工程、砂石料生产、水轮发电机组、输变电工程的建筑安装；金属结构制作安装；压力钢管、闸门制作安装；堤防加高加固、泵站、隧洞、隧道、施工公路、桥梁、河道疏浚、灌溉、排水等施工工程。

集团公司现拥有总资产8600余万元，其中固定资产1700余万元（不含划拨土地）。另对外投资近4000万元成立9个全资控股的以水利工程维修养护为主业的子公司，遍布漳卫南运河流域各行政区域。

【制度建设】

2014年下半年，集团公司与抢险队实现事企分离之后，结合漳卫南局和集团公司实际，制定《专业技术证书管理办法》《生产安全事故应急预案》，印发《水电集团公司各部门工作职责》《水电集团公司考核办法》《水电集团公司考勤及假期管理制度》《水电集团公司目标管理办法》等规章制度。

按照漳卫南局批复的集团公司内部机构，集团公司参考其他类似企业，迅速完成了定岗定责，细化工作任务、部门职责到位、人员分工明确；成立党支部和工会组织，规范公司组织形式，企业法人治理结构趋于完善，保证集团公司内部工作正常开展。

初步推进绩效考核，调动职工的工作积极性，按照企业化管理模式科学运行。企业养老保险开始实施。集团公司社保账户在山东省社保局开户，职工的养老保险纳入省级统筹。

【行政管理】

7月，完成了与抢险队的文件交接工作。

10月，对集团公司领导分工进行了调整（水电〔2014〕28号）。由刘志军同志主持党政全面工作，负责财务、物资和工程项目管理工作。分管财务部、工程部。万军同志协助刘志军分管党委日常工作，负责机关党务、行政、人事、监察、审计、精神文明及思想政治等工作。分管综合部、人事部、监察审计室。

实现事企分离之后，编辑印发《信息简报》9期。

【财务管理】

对各项资产进行了清查盘点，摸清现有资产数量，做到了账实相符，完成事企资产划分，完成集团公司固定资产整理与登记。办理企业产权登记申报工作。加强工程资金管理，清理欠款，促进资金回流。严格审核工程资金预算，加强工程资金审批管理。规范工程施工过程中的合同管理，降低现金支付比例，确保财务工作符合财经法规。

实现内部资金集中管理、统一调度和有效监控，加强了对资金的统一调度和调剂能力，降低财务风险。严格控制多头开户和资金账外循环，严格控制成本，压缩管理费用，依法报销，杜绝浪费。

【施工管理】

2014 年集团公司新签订工程项目合同额为 5200 余万元，主要为卫运河治理工程 2 个标段 4000 余万元，正在施工；新建山西中南部铁路通道卫河特大桥河道防护工程 600 余万元，该项目已通过完工验收；其他系统外 4 个项目 600 余万元，基本完工。工程验收合格率达到 100%。在工程施工中，集团公司不仅获得了资本的积累，提高了施工人员的能力，也丰富了相关施工经验，在良好发展的道路上迈出了坚定的新步伐。

【人事劳动管理】

1. 人员变动

截至 2014 年 12 月 31 日，集团公司现有正式在职职工 10 人（不含借调）。

2. 职工培训

2014 年 10 月，集团公司派出 13 名职工参加了山东省建管局和山东省水利厅举办的“五大员”和安全生产管理人员培训，均顺利通过考核。12 月，集团公司又派出职工参加了海委安监处举办的海委安全监督管理及稽查业务培训班。

【安全生产管理】

2014 年，集团公司设置专人负责安全生产工作，将安全生产工作制度化、规范化、程序化。制定了《安全生产事故应急救援制度》《管理人员安全责任考核制度》《安全生产检查制度》《安全生产教育培训制度》《设备安全管理制度》《施工临时用电制度》《安全技术措施管理制度》等安全生产规章制度，对旧的安全生产制度加以修改或废止。

加强在建项目的安全生产监管。督促各项目部加强对特殊工种及特殊工作区域监管力度，严格按照安全操作规程进行操作。集团公司与各项目部分别签订了安全生产责任书，各项目部都成立了以项目经理为组长的安全领导小组，配备了专职安全生产员，投入了专项经费，用于安全生产各项工作的开展。

【党政工作与党风廉政建设】

成立集团公司总部党支部，选举产生支委、书记，组织工作正常展开。修订党委中心组学习制度，每个月集中学习一次。

加大反腐倡廉工作力度，在公司墙壁张贴宣传画、宣传标语，组织党员领导干部及全体职工开展了专题讨论活动，组织公司全体职工集体观看专题纪录片《作风建设——永远在路上》。与项目部签订了《党风廉政建设责任书》。

根据《漳卫南局党风廉政建设责任制考核细则》，分解全年党风廉政建设责任制考核指标。落实中央八项规定精神，把改进作风、反对“四风”作为领导班子、领导干部年度与任期考核以及党风廉政建设责任制考核的重要内容。加强对决策管理、人事管理、财务管理、招标管理和物资采购、工程管理等“三重一大”的监督。

附　录

附录 1. 规　章　制　度

漳卫南局关于印发《漳卫南局“实现三大转变，建设五大支撑系统”实施方案》的通知

漳办〔2014〕1 号

局直属各单位、机关各部门：

现将《漳卫南局“实现三大转变，建设五大支撑系统”实施方案》印发给你们，请认真遵照执行。请及时将实施过程中遇到的问题、对《方案》有关意见和建议报局办公室。

水利部海委漳卫南运河管理局

2014 年 1 月 7 日

漳卫南局“实现三大转变，建设五大支撑系统”实施方案

为认真贯彻落实党的十八大、十八届三中全会精神，加快全局科学发展步伐，按照新时期水利部党组和海委党组治水思路，结合我局实际，局党委提出了“实现三大转变，建设五大支撑系统”的工作思路。为推动局党委工作思路的顺利实施，经研究，制定如下实施方案：

一、意义

近年来，随着社会经济的发展，水利的作用和地位越加凸显。2011 年中央 1 号文件首次聚焦水利，2012 年党的十八大报告中提出了生态文明建设的要求，并将水利放在了生态文明建设的突出位置。2013 年党的十八届三中全会明确提出全面深化改革的路线图和时间表，在水资源管理、水环境保护、水生态修复、水价改革、水权交易 5 个方面直接涉及水利改革。前不久，水利部更是提出了全面深化水利改革的硬性要求。

当前，从外部来看，随着工业化、城镇化的深入推进，沿河经济社会发展和百姓对水资源的需求程度越来越高，河系水资源短缺、水污染严重、水生态恶化已成为制约沿河小康社会建设和生态文明建设的重要制约因素。从内部来讲，我局仍面临着思想观念不活、体制机制不顺、发展后劲不足、创新能力不强等突出问题。加快解决这些问题和矛盾，不仅要靠坚实的工程基础、先进的科技支撑，更需要良好的顶层设计和制度建设。

面对新形势，漳卫南局党委认真贯彻落实中央 1 号文件和党的十八大、十八届三中全会精神，按照水利部和海委党组的治水思路，结合漳卫南运河流域实际，提出了“实现三大转变，建设五大支撑系统”的工作思路。实现三大转变即实现全局干部思想观念、发展

理念、工作作风的全面转变，建设五大支撑系统即建立漳卫南运河水资源立体调配工程系统、水资源监测管理系统、洪水资源利用及生态调度系统、规划与科技创新系统、综合管理能力保障系统等五大支撑系统。

实现三大转变是建设五大支撑系统的基础，建设五大支撑系统是实现三大转变的目标。实现三大转变、建设五大支撑系统是为了拓展我局工作外延，必将有利于加快我局水利事业的改革发展，提升我局在资源管理中的主体地位，推进水生态文明建设，为流域全面建成小康社会提供坚实的水利基础保障。

二、总体要求

以科学发展观为指导，深入贯彻落实党的十八大、十八届三中全会和全国水利厅局长会议精神，以民生水利为重点，全力保障流域防汛抗旱供水安全，全面加强水资源调配、监测、调度管理力度和科技治水力度，全力提升我局的综合管理保障能力，为流域全面建成小康社会奠定坚实的水利基础。

三、主要目标

按照海委“4＋1”工作部署，结合我局实际，统筹安排，实现全局干部职工观念、理念和作风的转变，着力建设漳卫南运河科学发展五大支撑系统。

实现三大转变：

在思想观念上，由传统的工程管理向资源管理、生态管理和社会管理转变。树立公共服务意识，不断提高社会管理和公共服务水平；

在发展理念上，由等待依赖向主动创新、服务沿河经济社会发展和职工群众满意转变。加强主动协调，建立与沿河地方的信息沟通机制，主动为涉河项目建设、工农业供水、生态用水服务；

在干部作风上，由精神懈怠、消极被动向勇于担当、攻坚克难、比做贡献转变。坚持和巩固群众路线教育实践活动成果，树立为民务实清廉的干部作风，为全局改革发展提供组织保障。

建设五大支撑系统：

建立水资源立体调配工程系统。构建黄河水、南水北调水、漳卫南运河水资源的互联互通互补的跨流域水资源配置工程格局，争取实现控制性工程、大型取水口等水资源开发利用工程调度与运用实质性管理。

建立水资源监测管理系统。按照“三条红线”管理要求，健全漳卫南运河水质水量监测网络，形成较为完善的水资源动态监测体系，建立水资源动态调配平台，全面提升水资源管理能力。

建立洪水资源利用及生态调度系统。将生态调度理念纳入洪水调度之中，加大生态调水、生态补水力度。加强水生态监测系统建设，完善水生态评估体系，为水生态系统保护与修复奠定评价基础。

建立规划与科技创新系统。按照科技在前，规划在先的要求，构建科技创新体系，加大基础项目研究力度，以规划和科技创新为先导，注重系统性规划，加强与外界科技合作交流，更新观念，提高管理水平。

建立综合管理能力保障系统。完善涉河建设管理，规范水政执法，强化人力资源管理、资金财务管理、廉政风险防控管理，深化内部运行体制机制改革，切实提高我局综合管理能力，为履行我局职责提供强有力的支撑。

四、五大支撑系统框架

五大支撑系统下各自包含二级或三级、四级子系统，共同构成五大支撑系统框架。

（一）水资源立体调配工程系统

1. 工程建设系统

1.1 工程建设前期工作

1.1.1 水资源调配工程

1.1.1.1 漳卫南运河水资源立体调配工程总体规划

1.1.1.2 卫河流域综合治理规划

1.1.1.3 南运河流域综合治理规划

1.1.1.4 漳河流域综合治理规划

1.1.1.5 卫运河流域综合治理规划

1.1.1.6 漳卫新河流域综合治理规划

1.1.1.7 岳城水库水资源调配工程

1.1.2 水资源立体调配工程建设与管理

1.1.2.1 建设原则与模式

1.1.2.2 管理手段

1.1.2.3 水资源统一调配规划

2. 工程管理系统

2.1 工程管理标准体系

2.1.1 工程管理技术标准体系

2.1.2 工程管理制度体系

2.1.3 工程管理工作标准体系

2.2 工程管理工作程序

2.3 工程管理考核体系

2.3.1 工程管理奖惩体系

2.3.2 工程管理分级考核管理体系

2.4 维修养护工作体系

2.5 工程管理信息化与自动化系统

2.5.1 工程管理数据库

2.5.2 工程视频监控及远程控制系统

2.5.3 岳城水库大坝安全监测自动预警系统

（二）水资源监测管理系统

1. 水量监测系统

1.1 水文站网体系建设

1.1.1 漳卫南局水文站网规划

1.1.2 辛集水文巡测设施设备建设

1.1.3 水文自动测报系统建设

1.1.3.1 岳城水库上游水文自动测报系统改建

1.1.3.2 卫河支流入卫水文自动测报系统建设

1.2 漳卫南局巡测基地应急能力建设

1.2.1 卫河巡测分中心建设

1.2.2 中下游监测断面完善

1.3 水文队伍及应急能力监测建设

1.4 取供水口门监测与巡测系统

1.4.1 取水口监测能力建设

1.4.2 取水口巡测能力建设

1.5 省界断面水量监测

2. 水质监测系统

2.1 水质监测网络建设

2.1.1 骨干河道水质自动监测站建设

2.1.2 岳城水库及漳河上游水质自动监测系统建设

2.2 水环境监测实验室建设

2.3 移动监测系统建设

2.4 水质预警预报系统

2.4.1 水质预警模型开发

2.4.2 岳城水库水质预警预报系统

2.4.3 突发水污染应急预案完善

3. 水资源管理系统

3.1 水资源管理制度建设

3.2 水资源管理能力建设

3.3 水资源管理信息系统建设

3.3.1 漳卫南局水资源管理与决策综合系统

3.3.2 GEF 项目水资源与水环境 KM 系统

3.3.3 国家水资源监控能力建设相关系统

（三）洪水资源利用及生态调度系统

1. 防洪减灾

1.1 防洪工程建设

1.1.1 卫运河治理工程

1.1.2 卫河干流治理工程

1.1.3 漳河治理工程

1.1.4 漳卫新河河口治理工程

1.2 非工程措施建设

1.2.1 河系防洪规划及调度方案

1.2.2 洪水预报调度系统建设

1.2.3 防汛信息采集及通讯保障系统建设
1.3 防洪减灾效益评估
1.3.1 灾情（洪、涝灾）损失统计分析
1.3.2 防洪减灾效益
2. 生态调度
2.1 生态调度关键技术研究
2.1.1 生态调度目标研究
2.1.2 生态调度运行方式研究
2.1.3 漳卫河系河流健康评价理论及方法研究
2.2 生态调度体系建设
2.3 生态调度长效机制建设
3. 水生态监测
3.1 水生态监测规划
3.2 水生态监测能力建设
4. 水生态评估
4.1 水生态评估报告
5. 水生态修复与保护
5.1 漳卫南运河水生态修复与保护规划
5.2 水生态修复试点工程建设
（四）规划与科技创新系统
1. 事业发展规划系统
1.1 防洪减灾体系建设规划
1.2 工程管理规划
1.3 水资源管理和保护发展规划
1.4 水文事业发展规划
1.5 信息化建设规划
1.6 经济发展规划
1.7 基础设施建设规划
1.8 人才队伍发展规划
2. 科技创新系统
2.1 重大课题库建设
2.1.1 水资源立体调配工程系统课题项目建设
2.1.2 水资源监测管理系统课题项目建设
2.1.3 洪水资源利用及生态调度系统课题项目建设
2.2 科技管理体制和科技队伍建设
2.3 内部科技交流
2.4 科技合作、对外交流
2.5 科技成果奖励

（五）综合管理能力保障系统

1. 社会管理

1.1 水行政执法管理

1.2 涉河建设项目管理

1.3 河道采砂管理

1.4 河口岸线利用管理

1.5 水工程建设项目管理

1.6 取水口门建设项目管理

1.7 排污口建设项目管理

1.8 其他涉河事务管理

2. 经济管理

2.1 水价改革与供水管理

2.2 政策性收费与管理

2.3 风景区建设与管理

2.4 水土资源开发利用与管理

2.5 投资与管理

2.6 经济指标考核体系

3. 人力资源管理

3.1 人才队伍建设

3.2 人才队伍培训

4. 内部监督管理

4.1 廉政风险防控体系

4.1.1 资金资产管理领域

4.1.2 干部人事管理领域

4.1.3 工程建设管理领域

4.2 审计体系

4.2.1 专项资金审计

4.2.2 内控制度审计

4.2.3 经济责任审计

4.3 巡视监督

五、责任分工

水资源立体调配工程系统分管局领导：李瑞江。牵头部门：计划处；参与部门：水政处、建管处、防办、水文处、信息中心。

水资源监测管理系统分管局领导：靳怀堵。牵头部门：水政处；参与部门：水保处、水文处、信息中心。

洪水资源利用及生态调度系统分管局领导：张克忠。牵头部门：防办；参与部门：计划处、水政处、水保处、水文处。

规划与科技创新系统分管局领导：徐林波。牵头部门：建管处；参与部门：办公室、计划处、水政处、财务处、人事处、防办、水保处、水文处、信息中心。

综合管理能力保障系统分管局领导：张永顺。牵头部门：办公室；参与部门：计划处、水政处、财务处、监察处、机关党委、综合事业处、信息中心。

六、重点工作任务

（一）全力推动河系水资源立体调配规划编制工作

1. 制定编制河系水资源立体调配建设规划。

（1）完成卫河流域综合规划编制工作。督促中水北方勘测设计研究有限责任公司编制完成卫河流域综合规划项目任务书，2013 年底前报送海委。2014—2015 年，组织中水北方勘测设计研究有限责任公司编制完成卫河流域综合规划。

（2）完成南运河流域综合规划编制工作。2014 年组织中水北方勘测设计研究有限责任公司编制完成南运河流域综合规划。

负责部门：计划处；配合部门：水政处、防办。

2. 编制漳卫南运河水资源立体调配工程建设与管理手册。在工程建设中考虑后期管理因素，确立工程建设原则和模式以及工程建成后管理手段。

负责部门：建管处；配合部门：计划处、水政处、防办。

3. 制定出台漳卫南运河水资源统一管理办法，明确责任、程序和绩效评估。研究总结水资源统一调配实践成功经验和面临问题。协调跨流域调水工程调度管理，适时开展流域内外水资源调配，全面提高水资源调配效益。

（1）完善河系水资源立体调配工程系统，及时掌握河北省引黄入冀补淀项目进展情况，推动卫河、漳河与引黄渠道水资源立体调配工程建设。与德州市、沧州市协作，开展李家岸引黄线路向大浪淀水库平交输水的研究。

负责部门：防办；配合部门：计划处、水政处、水保处、水文处。

（2）编制完成河系水资源状况和市场需求分析报告，开展河系水、黄河水、南水北调水可调水量与调水工程建设管理研究。

负责部门：水政处；配合部门：计划处、防办、水文处、综合事业处。

（3）开展流域水资源需求与对策研究，推动河系水资源有偿使用和水市场建设。研究探讨新形势下水市场管理和水费征收模式，施行科学水价制度，加强对外流域调水办法及相关配套政策的建立。开展水生态补偿机制研究。

负责部门：综合事业处；配合部门：水政处、财务处、防办。

（4）编制完成漳卫南运河水文信息手册，完成漳卫南运河历史暴雨洪水数据库建设。

负责部门：水文处；配合部门：防办。

（5）制定出台漳卫南运河水资源统一管理办法，明确水资源统一管理部门、程序和绩效评估。

负责部门：水政处；配合部门：计划处、防办、水保处、水文处、综合事业处。

（二）全面提升工程管理水平，确保工程运行安全

继续实施“三步走”战略目标：到 2015 年，标准化堤防建设达到 1360km，24 个河务局全部完成堤防标准化建设任务，“防护型、生态型、景观型、效益型”堤防绿化体系建设完成 50%左右；1～2 个河务局达到国家级管理单位水平，10 个以上河务局达到海委

示范管理单位水平。完成岳城水库和一半以上枢纽水闸的自动化监控建设，进一步规范工程观测工作。完成全部枢纽水闸的安全鉴定工作，全面掌握水闸的安全运行状况，1～2个枢纽、水闸管理单位达到国家级管理单位水平，3～4个枢纽、水闸管理单位达到海委示范管理单位水平；到2020年，基本完成堤防标准化建设任务，完成堤防工程“防护型、生态型、景观型、效益型”绿化体系建设，实现全局堤防工程面貌的彻底改观。完成全部水库枢纽水闸的自动化监控建设工作，基本实现规范化、现代化管理。

1. 开展工程管理标准体系建设。全面系统分析我局工程管理中存在问题，研究国内外先进的管理理念、技术、方法、手段，制定符合我局实际的水库、枢纽水闸、堤防和险工的技术管理规程、标准，完善规章制度，建立工程管理制度体系，形成适合我局具体情况的工作标准体系。2015年出台体系文本，年底推广。

2. 逐步建立工程管理工作程序。根据我局各水管单位的人员状况、管理任务，按照“年度工程管理工作目标——工程管理实施措施——工程管理检查（监测、观测）——检查（监测、观测）结果的分析与处理——阶段总结——年度总结”的工程管理基本流程，研究制定符合各单位实际的工程管理工作程序。

3. 继续完善工程管理考核体系。结合实际完善分级考核标准和分级考核程序，逐步建立切实有效的局对二级局、二级局对三级局的工程管理分级考核体系；进一步完善工程管理奖惩制度，将奖惩推进到各水管单位、各工作人员。

4. 逐步实现维修养护的良性运作。结合我局实际，完成我局第二阶段（2013—2017年）维修养护规划；通过探索日常维修养护模式，逐步建立以维修养护公司为主导的企业化管理和专业化实施的维修养护机制；通过引导、鼓励等手段，推进维修养护的机械化水平。

5. 推进工程管理信息化和自动化水平。继续完善工程管理数据库系统，通过增加河道堤防等的现状管理数据、重要工程的三维仿真等功能，提高工程管理信息化水平；建设局、二级局、管理所、控制室的枢纽水闸闸门的多级视频监视或控制系统；建设岳城水库大坝安全监测自动预警系统。

负责部门：建管处。

（三）全面加强漳卫南运河水文站网体系建设

充实、调整、完善、优化现有水文站网，全面推进漳卫南局直属水文测站和巡测基地、河系水文自动测报系统建设，加强水文应急机动能力、水文水资源数据中心及业务系统建设，初步建立水文信息共享基础平台，全面提升服务支撑能力。

1. 制定漳卫南运河水文站网规划。

2. 完成辛集水文巡测设施设备项目建设。以水文现代化为目标，全面完成辛集水文巡测设施设备建设，完善袁桥、吴桥、王营盘、罗寨、辛集水位站水文基础设施，使5个测站的防洪标准和测洪标准全部达到《水文基础设施建设及技术装备标准》要求。力争2014年完成全部项目建设。

3. 建设西郑庄分洪闸水位站。按照自动化的目标，新建西郑庄分洪闸水位站水文基础设施，为恩县洼滞洪区分洪提供依据。

4. 建设完善漳卫新河应急监测断面。按照水文有关规范，做好岔河张集桥、减河东方红公路桥、漳卫新河沟店公路桥、漳卫新河埕口公路桥 4 处应急断面的水准点、水文大断面复核测量，保证水文监测的可靠性和数据的准确性。

5. 建设卫河支流入卫水文自动测报系统。在卫河流域的汤河口、安阳河口、浚内沟口等处建设水资源监测站，对支流入卫、退水水文要素进行监测，满足防洪减灾及水资源优化配置的需要。

6. 改建岳城水库上游水文遥测系统。全面建设和升级改造关键设施设备，保证雨、水情信息自动、实时测报和传输，为岳城水库防洪安全、供水安全提供信息服务与保障。

负责部门：水文处；配合部门：计划处、财务处、信息中心。

（四）着力提高河系水资源监控能力

逐步在局辖省界缓冲区控制断面及其他重要水功能区控制断面建立水质水量自动监测站，实现水质水量实时监测。在重要支流口、引排水口建立水质水量监测点，对其进行巡测，实现沿河引水、排污总量动态监控，实现沿河水资源统一监测。

1. 完善省界及重要河段水质断面监测设施建设，扩大监督性监测和应急监测的覆盖面，搭建能够全面掌握河道水质状况的测报体系。继续实施国家水资源监控能力建设项目，提升漳卫南局水资源监控能力。

2. 推动漳卫南分中心实验室重新建设和仪器设备购置、更新。

负责部门：水保处；配合部门：财务处，水文处。

3. 完成国家水资源监控能力漳卫南局建设项目，对河系大型取水口实现实时监测。结合国家水资源监控系统一期建设，开发漳卫南局水资源调度模型，直接接收 19 处大型取水口和 6 处省界水量断面实时数据。充分利用河系内现有水文站网，整合漳卫南局已有的洪水调度系统、水资源保护系统、GEF 项目 KM 系统以及正在建设的国家水资源监控系统，初步搭建漳卫南局水资源管理信息系统，逐步提高我局水资源管理信息化水平，强化对河系水情和取水口的监测。

负责部门：水政处；配合部门：水保处、水文处。

4. 推进实施取水口门的数字化监测，推进大型口门的自动化控制。针对河系水资源监测现状和存在的问题，制定重要控制断面、全部取水口自动化监测、水资源管理信息化建设方案，力争列入国家水资源监控系统（二期）建设范围。

5. 推进管理范围内水库、枢纽、水闸水情观测设施自动化建设，加强运行管理，确保准确实时掌握工程水情。推进实施取水口门的数字化监测，推进大型口门的自动化控制，逐步实现河道取水监控可视、可控。

负责部门：水政处。

6. 编制突发涉水事件应急监测方案。修订完善《水文应急监测预案》，进一步提高水文监测在漳卫南运河水系防汛调度、水资源管理和保护、生态环境建设中的服务能力，最大程度地减少人员伤亡和财产损失，保障经济社会全面协调可持续发展。

7. 推动漳卫南局巡测基地应急监测能力建设。依托漳卫南局巡测基地和直属水文站，以完善巡测基地为主，加强应急机动监测设施设备配置，建立应急机动监测队伍，完善漳卫南局巡测基地和直属水文站应急监测能力，全面提升应急监测水平。

8. 推动漳卫南局卫河巡测基地建设。配备水文巡测车辆和测验仪器设备，满足巡测工作需要，建设卫河巡测分中心。

负责部门：水文处；配合部门：计划处、财务处。

（五）全面加强水污染应急能力建设

完善省界及重要河段水量断面监测设施建设，扩大监督性监测和应急监测的覆盖面，搭建能够全面掌握河系水资源状况的自动测报体系。

1. 编制完善岳城水库突发水污染事件应急处置预案。

2. 推动海河流域突发水污染事件应急能力漳卫南局项目建设。建设目标为做好应急监测技术贮备，提高应对突发水污染事件应急反应能力和应急水质监测能力，增强在现场应对连续、复杂的应急水质监测能力，实现对水中污染物的快速、持续的跟踪监测，及时掌握事故现场污染状况，实现现场图像和监测数据的网络传输，使漳卫南分中心达到满足应对Ⅱ级突发水污染事故要求。

3. 建设漳卫南运河水功能区水质预警预报系统。对监测数据、基础数据、模型数据等进行管理，基于模型实现监测信息分析报警、突发性污染事故预警和应急预案管理等功能，为水功能区的日常管理和突发性污染事故应急处置提供辅助决策支持。初步建设漳卫南运河水功能区水质监测预警预报系统，包括数据库建设、水质预警模型开发、信息管理平台建设、配置工作站。

4. 推动岳城水库水资源实时监控和水污染预警预报系统建设。建立健全覆盖岳城水库及主要入库河流的水资源实时监测站网，建成自动监测与人工监测相结合、陆上监测与水上监测相结合、常规监测与应急监测相结合、固定监测与移动监测相结合的岳城水库水源地实时监测网络。在现有水文水质监测站的基础上，推动观台、清漳河、浊漳河、合漳水质自动监测站的建设，更新改造岳城水库坝上水质自动监测站，增加生物监测能力，逐步建设水质实时监测预警系统。

负责部门：水保处；配合部门：水文处。

（六）大力开展水资源管理能力建设

1. 出台《漳卫南局水资源管理办法》《漳卫南局取水许可监督管理办法》《漳卫南局水资源调度管理办法》等制度，到2020年，基本建立最严格水资源管理制度。

2. 根据海河流域“三条红线”指标，积极推动在漳卫南运河子流域内进行细化分解，逐步形成本区域水资源管理“三条红线”指标体系。

3. 在国家水资源监控系统基础上健全本区域水资源监控系统，保障“三条红线”指标可监测、可监控、可评价、可考核。

4. 严格实施取水许可，强化计划用水管理和监控管理，逐步开展水资源管理执法，严肃查处无证取水和超量、超范围取水，严厉打击水资源违法行为。

5. 加强水资源管理队伍建设，强化学习培训，提高管理能力。

6. 积极争取开展课题研究，为严格水资源管理提供技术支撑。

负责部门：水政处。

（七）完善防洪工程体系建设

1. 完成卫运河治理工程、四女寺北进洪闸除险加固工程建设工作。力争2014—2015年完成。

2. 推进卫河干流（淇门—徐万仓）治理工程前期工作。力争 2015 年立项。

3. 推进漳河、漳卫新河河口治理工程前期工作。

负责部门：计划处。

（八）加强洪水资源利用，推动河系水生态环境修复与保护

1. 全面加强洪水资源利用基础研究。补充、修订“漳卫南运河洪水资源利用预案”。

负责部门：防办；配合部门：计划处、水政处、水保处、水文处。

2. 在漳卫南运河流域加快发展雨洪资源非常规水源开发利用，充分考虑中小型洪水的调度及开发，充分发挥中小型洪水的资源效益，有效补充水资源，促进流域水生态环境改善，发挥水资源的生态效益，维护漳卫南运河健康生态。

负责部门：防办；配合部门：水政处、水保处、水文处。

3. 继续推进“湿润漳河”等生态调度研究及实施，并积极争取开展河口生态改善措施研究等课题，结合水量分配方案工作，逐步明确河流合理流量，科学制定水资源生态调度方案。

负责部门：水政处；配合部门：防办、计划处、水保处、水文处。

4. 结合海河流域水资源保护规划的修编，统筹规划漳卫南运河生态修复与保护工作。

5. 推动漳卫南运河水生态监测建设。利用现代化的信息技术，采用现代化的采集、传输手段，开发建设漳卫南运河水系水生态监测系统。近期在岳城水库库区开展藻类监测并逐步拓宽监测领域，远期实现全河系初步的水生态监测。

6. 推动漳卫南运河水生态监测与评估系统建设。进行生态调查，开展漳卫南运河水生态监测规划编制。积极申报水生态监测项目建设，设立水生态监测站点和监测断面，在水生态保护范围设立地面标记，在水生态监测断面设立界碑，逐步建立水生态监测数据库和水生态监测和评价指标体系，开展年度水生态评价报告编制工作。开展漳卫南运河河湖健康状况调查，编制《漳卫南运河河流湖库健康评价报告》和《漳卫南运河河流湖库健康监测现状评述报告》。

7. 积极争取水利部科技示范与推广项目，尝试开展生物治污工程试点，成功后在漳卫南运河水系逐步推广。

负责部门：水保处；配合部门：水文处。

（九）开展漳卫南局事业发展规划编制工作

根据漳卫南运河水利事业发展和漳卫南局工作要求，编制漳卫南局事业发展规划，合理确定今后一个时期工作目标和任务，提出规划和设想，提出各业务发展方向，主要包括防洪减灾体系建设规划、工程管理规划、水资源管理和保护发展规划、水文事业发展规划、信息化建设规划、经济发展规划、基础设施建设规划、人才队伍发展规划。

负责部门：计划处；配合部门：机关相关部门单位。

（十）全力推进科技创新工作

1. 2013 年年底系统梳理漳卫南运河水系的水资源立体调配、水资源监测管理、洪水资源利用及生态调度等涉及五大支撑系统方面的重大问题，协调局属各单位（部门）开展科技工作予以研究解决。

2. 开展漳卫南运河科研课题项目库建设，围绕水资源立体调配、水资源监测管理、

洪水资源利用及生态调度进行选题和建库，近期开展生物治污示范技术、堤防隐患排查技术推广研究、湿润漳河研究、高效固化微生物综合治理河道污水技术示范与推广项目、漳河风沙区治理方案、卫运河生物治污方案等的研究。

3. 认真执行业务成果奖励办法、科学技术进步奖评审办法、优秀科技论文评选办法，每两年召开一次科技论文交流会议，对优秀论文作者给予奖励，形成带动效应；加强与科研高校、兄弟单位和上级部门的对外交流力度，选派优秀科研人员走出去学习深造，邀请专家学者走进来讲学授课。积极申请水利部、海委及国家自然科学基金等资助的科研项目和课题研究。

负责部门：建管处；配合部门：财务处、人事处。

（十一）全面加强综合管理工作

1. 加强水行政执法，加强水政监察队伍执法能力建设，完善执法手段，开展好水政基础设施建设相关工作。强化水行政执法各项制度的落实，探索开展水行政执法责任制。

2. 加强各类涉河事务的管理工作、配合海委开展好行政许可工作，加强各类行政许可实施阶段的监督管理。丰富涉河事务管理能力和手段，营造良好的水事管理秩序。

负责部门：水政处。

3. 统筹抓好人才队伍建设。加强领导班子和干部队伍建设，抓好专业技术人才、经营人才队伍建设，加大干部竞争性选拔和挂职、交流力度，为五大支撑系统建设提供有力的人才支撑。稳步推进干部人事制度改革和人事工作信息化建设，积极推进事业单位分类改革。

负责部门：人事处。

4. 落实全局经济发展规划，增强发展后劲。尽快召开经济工作座谈会，交流经济发展意见。加快水价改革，严格执行新水价标准，与邯郸、安阳签订供水补充合同。组织人员对岳城水库农业供水渠道进行摸排，区分用水性质，确保新水价按不同类型供水价格执行。全面落实两部制水价，积极开拓新的供水市场。积极争取政策性收费项目，向河北、河南、山东省物价管理部门申请河道滩地有偿使用收费标准，在满足对河道工程管理和防洪安全前提下合理有效开发，增加稳定收入。加强生态文明建设，做好水利风景区工作。加快编制《漳卫南运河水利风景区详细规划》，着力建设四女寺水利风景区文化品牌。

负责部门：综合事业处。

5. 建立完善督查、督办工作机制。进一步加强局重大决策、重点工作贯彻落实的督查、督办工作力度。按照事前督查、事中督查和事后督查的程序，督促重要工作任务的落实进度。

负责部门：办公室。

6. 防控廉政风险，加强全面监管，促进各项权力规范有序运行。完善资金资产管理、干部人事管理、工程建设管理三个重点领域廉政风险防控机制建设的操作规程，努力实现廉政风险防控机制覆盖全局各个业务领域。重点启动维修养护廉政风险防控课题研究，从源头上建立起有效预防水利工程维修养护领域发生腐败现象的廉政风险防控机制。

7. 强化监督检查，服务保障重大决策部署的贯彻落实。严格落实党风廉政建设责任制，完善责任追究制度和权力运行监督机制。注重对领导干部特别是“一把手”和关键岗位领导干部的管理监督，积极开展执法监察、业务检查、效能监察等工作，促使监督对象依法办事，正确履行职责，勤政高效。建立定期巡视监督体制，着力发现领导干部是否存在违纪违法、违反八项规定、违反政治纪律、选人用人不正之风等问题，真正做到早发现、早报告，促进问题解决，遏制腐败发生。充分发挥信访举报工作密切联系群众的桥梁纽带作用，畅通和拓宽渠道，切实做好群众来信来访工作。

8. 立足监督与服务，充分发挥审计“免疫系统”功能，不断推动事前、事中、事后审计相结合，强化审计预警功能。发现和揭示体制障碍、制度缺陷和管理漏洞，及时化解存在的问题和风险，起到早预防、早发现、早遏制的作用。

负责部门：监察（审计）处。

（十二）深化作风建设，全面提升执行力

1. 狠抓干部队伍建设。明确干部职能，通过外在约束将各项职责内化为自身习惯，做到工作运转快、效率高，办事周到细致、严格要求，杜绝门难进、脸难看、话难听、事难办的衙门作风。

负责部门：人事处。

2. 狠抓执行机制建设。结合党的群众路线教育实践活动，形成规范有序、有章可循的执行制度，由被动型服务向主动型服务转变，由事务型服务向综合型服务转变，由参与型服务向参谋型服务转变。及时解决依法行政中出现的问题，避免相互掣肘和其他扯皮现象，促进各项决策和工作部署的落实。

负责部门：办公室。

3. 狠抓管理监督体系建设。不断丰富督查手段，采取书面督查、会议调度、实地查看、随机抽查、暗访调查等多种形式加强督查，同时，采取群众监督，及时反映检举，强化实效，努力克服形式主义。通过充分发挥干部主观能动性，加强相关机制建设，健全监督体系，群策群力，最大限度调动工作人员的积极性和创造性，强化干部自身学习，强化人本理念，强化制度建设，开展“责任风暴”和“治庸计划”，发挥各方面强有力的作用，达到深化作风建设，全力提升执行力的目标，推动工作扎实开展。

负责部门：人事处、监察处。

七、保障措施

（一）加强组织领导

各单位（部门）要把“实现三大转变，建设五大支撑系统”工作思路贯彻落实工作摆上重要议事日程，在领导精力、力量投放等方面加大倾斜力度，构建起“业务部门主导、其他部门协作、全体人员参与”的工作格局。完善干部职工学习机制。制定干部职工年度学习计划，增加“实现三大转变，建设五大支撑系统”工作思路宣传和学习内容。通过局务会、处务会、支部会、讲党课、青年大讲堂、读书月、读书会等形式，开展“实现三大转变，建设五大支撑系统”工作思路大讲解、大讨论、大思考活动，营造解放思想、改革创新的浓厚氛围。

（二）建立责任制，强化考核

要对“实现三大转变，建设五大支撑系统”工作思路贯彻落实情况明确任务分工、进度和具体要求，层层落实责任人，确保各项工作按计划有序推进。年初制定和年中修订目标管理考核指标体系时，将“实现三大转变，建设五大支撑系统”工作思路贯彻落实情况作为重点工作纳入指标体系，并适当提高此项活动的考评分值。同时，每年对“实现三大转变，建设五大支撑系统”工作思路贯彻落实情况进行专项效能监察。

（三）加大宣传力度

在水利报等新闻媒体作专题宣传，透视“实现三大转变，构建五大支撑系统”的工作思路，展示我局在新思路的指引下取得的新突破。充分利用《漳卫南运河网》和电子屏幕、宣传橱窗等多种宣传方式形成高密度、立体化、全方位的学习宣传格局，营造浓厚的宣传氛围，使局党委工作思路和精神家喻户晓、深入人心。加强宣传力度，大力宣传局直属各单位、机关各部门在贯彻“五大支撑系统”工作上的新思路、新举措和新成效，突出亮点和突破点。围绕“五大支撑系统”的贯彻落实，加大向海委宣传部门信息报送工作。

（四）认真做好职工队伍稳定工作

进一步理顺阻碍我局发展的体制、机制障碍，加快发展步伐。大力注重开源节流，稳步提升职工的经济收入水平。完善拓宽群众诉求表达渠道，积极回应干部、职工关切，着力打造公平、公正的单位环境，注重发挥每一位职工的积极性，释放每一位职工的最大价值。着力推动信访事件解决，将矛盾化解在基层，努力减少不稳定因素，为全局全力贯彻“实现三大转变，建设五大支撑系统”工作思路创造良好的工作环境。

（五）建立健全同职工群众的沟通联系和反馈机制

坚持政务公开，加强群众的参与权与知情权。通过调研、座谈、邮箱、微信、QQ群等多种方式，拓宽局情、舆情、民情信息收集及反馈新渠道。充分调动群众参与单位发展和管理的积极性，通过每两月一次目标管理日常考核通报、每半年分别召开的职工代表、青年职工、离退休职工座谈会，及时向职工群众通报“实现三大转变，建设五大支撑系统”工作思路实施情况，广泛听取群众意见和建议，不断对其进行补充完善。

漳卫南局办公室关于规范局机关公务出差审批管理的通知

办综〔2014〕2号

机关各部门、各直属事业单位：

为严格工作纪律，规范局机关公务出差审批管理，现就有关事项要求如下：

一、局长、书记出差按照海委相关规定执行，其他局领导出差应向局主要负责人报告，并在出差前通知办公室。

二、副总工、各部门（单位）工作人员出差应提前填写出差审批单。其中，副总工由总工和局主要负责人审签；部门（单位）主要负责人出差由分管（联系）局领导及局主要负责人审签；部门（单位）其他负责人出差由本部门（单位）主要负责人及分管（联系）局领导审签；一般人员出差由本部门（单位）主要负责人审签。

三、副总工、各部门（单位）负责人和调研员（副调研员）出差应提前填写出差审批单，并完成出差审批程序。同时，在出差前填写政务内网“请假出差告知单”（政务内网——个人事务——请假出差告知单——申请）发送至办公室，出差回局后及时修改“在岗状态”。如因特殊情况出差前不能完成出差审批程序的，应通过电话等方式向分管领导请假，并将情况告知办公室，出差回局后及时补办出差审批单。

四、部门内部 2 人以上（含 2 人）出差，出差审批程序应按其中主要责任者应履行的程序执行，应在出差审批单“出差人”栏目内填写全部出差人员。

五、出差审批单是差旅费报销凭证之一。

六、局属各单位主要负责人出差应按照《漳卫南局请示汇报制度》履行有关手续。

附件：漳卫南局机关公务出差审批单（略）

漳卫南局办公室
2014 年 4 月 1 日

漳卫南局关于印发《漳卫南局机关公务接待管理办法》《漳卫南局机关会议管理办法》的通知

漳办〔2014〕6 号

机关各部门：

《漳卫南局机关公务接待管理办法》《漳卫南局机关会议管理办法》已于 2014 年 3 月 27 日经局长办公会审议通过，现印发给你们，请认真遵照执行。

水利部海委漳卫南运河管理局
2014 年 4 月 1 日

漳卫南局机关公务接待管理办法

第一章　总　　则

第一条　为进一步加强漳卫南局机关公务接待管理，厉行勤俭节约，反对铺张浪费，加强党风廉政建设，根据《党政机关厉行节约反对浪费条例》《党政机关国内公务接待管理规定》等有关规定，结合我局机关实际，制定本办法。

第二条　本办法适用于局机关的公务接待行为。

本办法所称公务，是指出席会议、考察调研、执行任务、学习交流、检查指导、请示汇报工作等公务活动。

第三条　办公室是漳卫南局公务接待归口管理部门，负责局机关公务接待工作的统一管理，负责局直属各单位公务接待指导工作。

第四条　公务接待应当坚持有利公务、务实节俭、严格标准、简化礼仪、高效透明、尊重少数民族风俗习惯的原则。

第二章　接待审批和开支管理

第五条　局机关工作人员公务外出应当按照程序履行报批手续。各部门要加强公务外出计划管理，科学安排和严格控制外出的时间、内容、路线、频率、人员数量，禁止以各种名义和方式变相旅游，禁止违反规定到风景名胜区举办会议和活动。

局机关工作人员公务外出确需接待的，应当向接待单位发出公函，告知内容、时间、行程和人员等。

第六条　严格来人来访接待管理。来人来访接待实行公函制度，无公函的公务活动和来访人员一律不予接待。

接待对象应自行用餐，需要安排用餐的，由办公室统一安排用餐并缴纳伙食费。重要来宾来访，由办公室统一安排工作餐一次，用餐标准不得超过德州市政府制定的标准，并严格控制陪餐人数。接待对象在10人以内的，陪餐人数不得超过3人；接待对象超过10人的，陪餐人数不得超过接待对象人数的三分之一。其他人员需要安排用餐的，由办公室统一安排用餐并缴纳伙食费。

承办部门收到来人来访公函后，填写漳卫南局机关公务接待审批单，连同接待公函经办公室、财务处审核，并报分管局领导或局主要负责人批准。办公室要严格接待审批管理，对能够合并的公务接待统筹安排。工作餐应供应家常菜，不得提供鱼翅、燕窝等高档菜肴和高档酒水，不得使用私人会所、高消费餐饮场所。

第七条　接待工作安排的活动场所、活动项目和活动方式，应有利于公务活动开展。安排外出考察调研的，应深入基层、深入群众，不得走过场、搞形式主义。

第八条　接待对象的住宿应当严格执行差旅、会议管理的有关规定，在定点饭店或机关内部招待场所安排，执行协议价格。出差人员住宿费应当回本单位凭据报销，与会人员住宿费按会议管理有关规定执行。

第九条　公务接待中确需我局安排交通工具的，应集中乘车，合理使用车型，严格控制随行车辆。

第十条　不得超标准接待；不得组织旅游和与公务活动无关的参观；不得组织到营业性娱乐、健身场所活动；不得安排专场文艺演出；不得以任何名义赠送礼金、礼品、有价证券、纪念品和土特产品等。

第十一条　接待工作结束后，承办部门应当如实填写接待清单，并由部门负责人审签。

第三章　预算管理和费用核销

第十二条　加强公务接待经费的预算管理，合理限定接待费预算总额。公务接待费应全部纳入预算管理，单独列示，并实行总额包干、超支不补。

禁止在接待费中列支应由接待对象承担的差旅、会议、培训等费用；禁止以举办会议、培训为名列支、转移、隐匿接待费开支；禁止向下级单位及其他单位、企业、个人转嫁接待费用，禁止在非税收入中坐支接待费用；禁止借公务接待名义列支其他支出。

第十三条　接待费资金支付应采用银行转账或公务卡方式结算，不得以现金方式支付。

第十四条 接待费报销凭证应包括财务票据、派出单位公函、接待工作审批单、接待工作清单及公务卡刷卡消费POS机凭条等。

财务处应加强公务接待费报销管理，对超标准、超预算、超范围开支的公务接待费，一律不予报销。

第四章 公开和报告制度

第十五条 局将对公务接待有关情况在机关内部公示。

第十六条 建立公务接待费定期统计报告制度，财务处定期将全局公务接待费开支和使用情况汇总后报委。

第五章 监督检查和责任追究

第十七条 办公室会同财务处、监察处加强对公务接待工作的监督检查。监督检查的主要内容包括：

（一）公务接待规章制度制定情况；

（二）公务接待标准执行情况；

（三）公务接待费管理使用情况；

（四）公务接待信息公开情况。

第十八条 财务处应对公务接待经费开支和使用情况进行监督检查。审计处应对公务接待经费进行专项审计，并加强对机关内部接待场所的审计监督。

第十九条 将公务接待工作纳入问责范围。纪检监察部门应当加强对公务接待违规违纪行为的查处，严肃追究相关人员的党纪责任、行政责任并进行通报。

第六章 附 则

第二十条 局直属各单位参照本办法执行。

第二十一条 本办法由办公室会同财务处负责解释。

第二十二条 本办法自印发之日起施行。原《漳卫南局机关公务接待规定》（漳办〔2009〕5号）同时废止。

附件：1. 漳卫南局机关公务接待审批单（略）

2. 漳卫南局机关公务接待工作清单（略）

漳卫南局机关会议管理办法

第一章 总 则

第一条 为进一步加强和规范漳卫南局机关会议管理，精简会议，改进会风，提高会议效率和质量，节约会议经费开支，根据《十八届中央政治局关于改进工作作风、密切联系群众的八项规定》《党政机关厉行节约反对浪费条例》《中央和国家机关会议费管理办法》（财行〔2013〕286 号）、《水利部会议管理办法》（水办〔2013〕464 号）、《海委机关会议管理办法》（办综〔2014〕4 号），结合漳卫南局机关实际，制定本办法。

第二条 本办法适用于由漳卫南局机关组织召开的各项会议。

第三条 召开会议应遵循“厉行节约、反对浪费、规范简朴、务实高效”的原则，严格控制会议数量、规模和会期，规范会议费管理。

第四条 改进会议形式，充分运用电视电话、网络视频等现代信息技术手段召开会议。传达、布置类会议优先采用电视电话、网络视频会议方式召开。已经发文部署的工作原则上不再召开会议，能合并召开的尽量合并。提倡开短会、讲短话。

第五条 会议实行分类管理、计划管理、预算管理和分级审批。

第六条 严格会议费预算管理，控制会议费预算规模。会议费预算要细化到具体会议项目，纳入部门预算，并单独列示。

第二章 会议类别和审批

第七条 漳卫南局机关各项会议均执行四类会议标准。

第八条 每年部门预算编制“一上”前，局机关各部门将下一年度会议计划（包括会议数量、会议名称、召开理由、主要内容、时间地点、代表人数、工作人员数、会期、所需经费预算及列支渠道等）报办公室，由办公室汇总、经财务处审核预算后提交局长办公会审定，并在规定的时间内报委备案。

第九条 严格控制会议规模和会期。各项会议参会人员视内容而定，一般不超过 50 人，会期不超过 2 天（其中传达、布置类会议会期不超过 1 天），会议报到和离开时间合计不超过 1 天。

第十条 各部门应严格以年度会议计划作为会议召开依据，未列入年度会议计划的会议原则上不得安排，在会议执行中不得突破会议计划的代表人数、会期、经费等项目。

局机关年度会议计划发生重大变更的要履行原会议计划审批程序。各部门因工作需要变更会议名称、合并召开会议、增加代表人数和会议经费、临时召开计划外会议的，须在会议召开之前执行漳卫南局机关签报审批流程，经办公室、财务处、监察处审核，分管领导和主要领导批准后方可召开。

第十一条 不能采用电视电话、网络视频召开的会议实行定点管理。会议应到定点饭店召开，按照协议价格结算费用。未纳入定点范围，价格低于会议综合定额标准的单位内部会议室、礼堂、宾馆、招待所、培训中心，可优先作为本单位会议场所。

参会人员无德州市外代表的会议，原则上在机关内部会议室召开，不安排住宿。

不得到明令禁止的风景名胜区召开会议。

第三章 会议费开支范围、标准与结算

第十二条 会议费开支范围包括会议住宿费、伙食费、会议室租金、交通费（指会议期间用于会议代表接送站，以及会议统一组织考察、调研等发生的交通费支出，不含会议代表参加会议发生的城市间交通费）、文件印刷费等。

会议费开支实行综合定额控制，综合定额标准为450元/人天，其中住宿费240元/人天，伙食费130元/人天，其他费用80元/人天，各项费用之间可调剂使用。综合定额标准是会议费开支的上限，应在综合定额标准以内结算报销。

第十三条 会议主办部门应于会议召开前，按照漳卫南局批准的会议计划，结合会议费开支标准，填列《漳卫南局机关会议费预算审核表》，报分管局领导审签。

第十四条 严禁借会议名义组织会餐或安排宴请；严禁套取会议费设立“小金库”；严禁在会议费中列支公务接待费。

严格执行会议用房标准；会议用餐安排自助餐或工作餐，严格控制菜品种类、数量和份量，严禁提供高档菜肴，不安排宴请，不上烟酒；会议会场一律不摆花草，不制作背景板，不提供水果。

不得使用会议费购置电脑、打印机、传真机等固定资产以及开支与本次会议无关的其他费用；不得组织会议代表旅游和与会议无关的参观；严禁组织高消费娱乐、健身活动；严禁以任何名义发放纪念品；不得额外配发洗漱用品。

第十五条 会议费原则上在部门预算公用经费中列支。会议费由召开单位承担，不得向参会人员收取，不得以任何方式向下属机构、企事业单位转嫁或摊派。

第十六条 会议主办部门在会议结束后应及时办理报销手续。会议费报销时应提供会议预算审核表、会议通知及实际参会人员签到表、定点饭店（宾馆）等会议服务单位提供的费用原始明细单据、电子结算单等凭证。

发生变更的会议另需提供该会议审批的签报。

超范围、超标准开支的经费不予报销。

第十七条 会议费支付以银行转账或公务卡方式结算，禁止以现金方式结算。

第四章　会议费公示和年度报告制度

第十八条 每年年底将局机关本年度非涉密会议的名称、主要内容、参会人数、经费开支等情况在单位一定范围内公示。

第十九条 每年1月底前，局机关应将局机关本级上年度会议执行情况汇总后报委。

第五章　管　理　职　责

第二十条 办公室的主要职责：

（一）归口局机关会议计划管理工作，组织制定会议管理制度；

（二）负责局机关会议计划的汇总、报备工作；

（三）会同财务处、监察处监督检查会议计划执行情况；

（四）提出加强会议管理的措施。

第二十一条 财务处的主要职责：

（一）归口局机关会议费管理工作；

（二）协助办公室制定漳卫南局会议管理制度、对会议计划执行情况进行监督检查；

（三）对各部门会议计划预算进行审核，对会议费支付结算实施动态监控；

（四）汇总分析局机关会议年度报告，提出加强会议费管理的措施。

第二十二条 机关各部门的主要职责：

（一）编制本部门年度会议计划；

（二）按计划组织召开各项会议，认真做好会议筹备工作，增强会议的针对性和实效性；

（三）加强对会议费使用的内控管理。

第六章 监督检查和责任追究

第二十三条 违反本办法规定，有下列行为之一的，依法依规追究会议主办部门和相关人员责任。

（一）未经批准自行召开计划外会议的；

（二）以虚报、冒领手段骗取会议费的；

（三）虚报会议人数、天数等进行报销的；

（四）违规扩大会议费开支范围，擅自提高会议费开支标准的；

（五）向下属机构、企事业单位转嫁、摊派会议费的；

（六）违规报销与会议无关费用的；

（七）其他违反本办法行为的。

第七章 附 则

第二十四条 局直属各单位参照本办法执行。

第二十五条 本办法由办公室会同财务处负责解释，自印发之日起施行，原《漳卫南局机关会议管理办法》（漳办〔2009〕5号）同时废止。

附件：漳卫南局机关会议预算审核表（略）

漳卫南局关于印发《漳卫南局机关差旅费管理办法》的通知

漳财务〔2014〕8号

机关各部门：

《漳卫南局机关差旅费管理办法》已于2014年3月27日经局长办公会审议通过，现予印发，请遵照执行。

水利部海委漳卫南运河管理局

2014年4月1日

漳卫南局机关差旅费管理办法

第一条 为进一步加强局机关差旅费报销管理，根据财政部《中央和国家机关差旅费管理办法》（财行〔2013〕531号）及水利部、海委相关规定，结合局机关工作实际，制定本办法。

第二条 因公出差人员应当履行出差审批程序，填写“漳卫南局机关公务出差审批单”，审批单作为差旅费报销附件。

第三条 工作人员出差在不影响公务的前提下，应当选乘经济、便捷的交通工具，按规定等级乘坐公共交通工具。城市间交通费凭发票据实报销，未按规定等级乘坐交通工具的，超支部分由个人自理。

乘坐交通工具的等级见下表：

交通工具 级别	火车（含高铁、动车、 全列软席列车）	轮船 （不包括旅游船）	飞　机	其他交通工具 （不包括出租小汽车）
司局级及相当职务人员	火车软席（软座、软卧）高铁/动车一等座，全列软席列车一等软座	二等舱	经济舱	凭据报销
其余人员	火车硬席（硬座、硬卧），高铁/动车二等座、全列软席列车二等软座	三等舱	经济舱	凭据报销

乘坐飞机、火车、轮船等交通工具的，每人次可购买交通意外保险一份。乘坐飞机的，民航发展基金、燃油附加费可凭据报销。

第四条 工作人员乘坐公共交通工具出差期间发生的市内交通费用，按出差自然（日历）天数计算，每人每天80元包干使用。

因特殊原因需乘坐出租车往返机场、车站所发生的市内交通费用，若超出包干经费限额标准的据实报销，报销时需附详细说明，不再发放当天市内交通补助。

因工作需要带车随行的，不再报销市内交通费。

第五条 工作人员出差，应按财政部统一发布的各地区住宿费限额标准（见附表）执行，选择安全、经济、便捷的宾馆住宿，凭住宿发票报销。

第六条 工作人员出差，伙食补助费按出差自然（日历）天数计算，按财政部统一发布的各地区伙食补助费限额标准（见附表）包干使用。在途期间的伙食补助费按当天最后到达目的地的标准补助。

出差人员应当自行用餐，凡由接待单位统一安排用餐的，应当向接待单位缴纳伙食费。

第七条 工作人员外出参加会议、培训，由举办单位统一安排食宿的，会议、培训期间的食宿费和市内交通费由举办单位按规定统一开支，参加人员不再报销住宿费、伙食补助和市内交通费。举办单位不统一开支食宿费而由参加人员自行承担的，参加人员在取得举办单位出具的相关书面证明后，在规定的限额标准内凭票据报销。往返会议、培训地点的差旅费按照规定标准报销。

第八条 工作人员出差到外单位工作交流（支援或借用），以及参加党校学习等，每人每天补助30元，往返期间的差旅费按照规定标准报销。

第九条 住宿费、机票支出等原则上应按规定使用公务卡或银行转账方式结算。实际发生住宿而无住宿费发票的，无正当理由的不得报销城市间交通费、住宿费、伙食补助费和市内交通费。由于防汛抗旱、抢险救灾等应急事项出差，在防汛抗旱、抢险救灾现场食宿无法取得发票的，应提供详细书面说明，经单位负责人批准后，按规定标准予以报销。

第十条 工作人员到德州市内三区以外的郊区（县）办理公务，按照出差对待。

第十一条 工作人员出差结束后，应及时办理报销手续，报销时应当填写差旅费报销单，列明公差事由。报销时需提供出差审批单、公共交通票据、住宿费发票等凭证。外出参加会议或培训人员应提交主办单位通知等书面资料，作为财务报销依据。

第十二条 机关各部门应合理安排公务出差。局财务处将根据各部门差旅费包干经费限额和项目经费中差旅费预算进行经费控制，差旅费超支原则上不予报销。

第十三条 各直属事业单位参照执行。

第十四条 本办法由局财务处负责解释。

第十五条 本办法自印发之日起施行。此前局机关有关差旅费管理相关规定同时废止。

附件：中央和国家机关差旅住宿费和伙食补助费标准表

中央和国家机关差旅住宿费和伙食补助费标准表 单位：元

省（自治区、直辖市）	住宿费标准			伙食补助费标准
	部级（普通套间）	司局级（单间或标准间）	其他人员（单间或标准间）	
北京	800	500	350	100
天津	800	450	320	100
河北	800	450	310	100
山西	800	480	310	100
内蒙古	800	460	320	100
辽宁	800	480	330	100
大连	800	490	340	100
吉林	800	450	310	100
黑龙江	800	450	310	100
上海	800	500	350	100
江苏	800	490	340	100
浙江	800	490	340	100
宁波	800	450	330	100
安徽	800	460	310	100
福建	800	480	330	100
厦门	800	490	340	100
江西	800	470	320	100
山东	800	480	330	100
青岛	800	490	340	100

续表

省 （自治区、直辖市）	住宿费标准			伙食补助费 标准
	部级 （普通套间）	司局级 （单间或标准间）	其他人员 （单间或标准间）	
河南	800	480	330	100
湖北	800	480	320	100
湖南	800	450	330	100
广东	800	490	340	100
深圳	800	500	350	100
广西	800	470	330	100
海南	800	500	350	100
重庆	800	480	330	100
四川	800	470	320	100
贵州	800	470	320	100
云南	800	480	330	100
西藏	800	500	350	120
陕西	800	460	320	100
甘肃	800	470	330	100
青海	800	500	350	120
宁夏	800	470	330	100
新疆	800	480	340	120

漳卫南局关于印发《漳卫南运河管理局水文管理办法》的通知

漳水文〔2014〕3号

局直属各单位、机关各部门：

《漳卫南运河管理局水文管理办法》已由局长办公会审议通过，现印发给你们，请遵照执行。

水利部海委漳卫南运河管理局

2014年7月28日

漳卫南运河管理局水文管理办法

第一章　总　　则

第一条　为加强漳卫南运河管理局（以下简称漳卫南局）水文工作，规范水文管理，服务防洪减灾和水资源开发、利用、节约、保护，促进经济社会的可持续发展，根据《中华人民共和国水文条例》《水文站网管理办法》《水文监测环境和设施保护办法》等法律法规，制定本办法。

第二条 本办法适用于漳卫南局管辖范围内水文站网规划与建设，水文监测与预报，水文资料汇编、保管与使用，水文设施与水文监测环境保护，以及水文人员管理、水文资金管理和使用等。

本办法所称水文监测，其内容包括水位、流量、流速、降雨（雪）、蒸发、泥沙、冰凌、水质等。

第三条 水文处为漳卫南局水文主管部门（单位），负责全局水文工作。

第二章 职责与任务

第四条 漳卫南局水文处工作职责

1. 归口负责漳卫南局水文行业管理；组织拟定水文发展规划并监督实施；贯彻国家有关水文管理方面的政策、法规。

2. 负责漳卫南局水文情报、预报工作，做好水文信息数据库及水情应用系统的建设和运行维护工作。负责组织水文资料的整编及初审工作。

3. 组织拟定并实施漳卫南局水文站网规划；归口负责局属水文建设项目的前期工作和建设管理。

4. 负责漳卫南局水文监测工作；组织实施流域内或跨流域水资源调配活动的水量、水质监测业务。

5. 负责局属水文国有资产监管和运营以及水文资金的使用、检查和监督。

6. 承担河系重要规划、重点项目建设和水资源管理的水文信息资料的服务工作。

7. 开展水资源利用方面的研究，负责水文现代化、信息化建设以及开展水文科技成果的推广应用、合作与交流。

第五条 漳卫南局直属水文站工作职责

1. 贯彻执行水文工作的方针政策和相关法律法规。

2. 执行测站任务书，做好水文测验工作，保证测报质量；做好水文监测资料在站整编，以及原始资料的归档工作。

3. 编制水文测验方案，经报漳卫南局批准后实施。

4. 管理、维护好水文设施设备，保证其处于正常工作状态。

5. 开展河系水文巡测、应急监测工作，承担上级交办的监测任务。

第六条 局属各有关单位对所辖水文站人员及配置负有管理职责，水文处负责各水文站业务指导工作。

第七条 水文处应对各单位水文人员的配置、任命及调整提出建议，并负责组织做好全局水文人员的业务培训工作。

第八条 水文处应会同财务部门组织做好水文经费的预算编制、管理和使用，并对局属单位水文资金的使用负有监督责任。

第三章 站网建设与管理

第九条 漳卫南局水文站网的建设应依据水文发展规划和水文站网规划。

第十条 水文处负责组织编制水文发展规划和水文站网规划。

水文发展规划和水文站网规划编制过程中，应当征询规划计划、防汛抗旱、水资源管理、水环境保护等部门意见。

第十一条 已批复水文站网的建设由水文处按照投资计划和建设程序组织实施。

第十二条 漳卫南局所属水文站按国家基本水文（位）站和专用水文测站实施分级分类管理。

第十三条 水文（位）测站的设立和调整，由漳卫南局提出申请，报上级水文主管部门批准后，水文处组织建设和管理。

因防洪、调水、环境保护、工程建设以及其他涉水事件需要设立的专用测流断面，由水文处提出建设方案，经报漳卫南局批准后进行建设和管理。

第四章 监测与资料管理

第十四条 水文监测是水文基础工作，水文处应加强水文监测工作的管理。未经批准，各测站不得中止水文监测业务。

第十五条 水文监测所使用的专用技术装备应符合国家或行业规定的技术要求。

水文监测所使用的计量器具应当依法经检定合格。未经检定、检定不合格或者超过检定有效期的，不得使用。

第十六条 水文处应加强适应河系发展需要的水文监测仪器、设备的调研和引进，积极采用先进技术，提高水文监测质量。

第十七条 加强水资源的动态监测工作。被监测水体的水量、水质等情况发生变化可能危及用水安全的，水文处应及时组织跟踪监测和调查，并将监测、调查情况和处理建议及时报上级主管部门。

第十八条 积极开展水文巡测和应急监测工作，建立健全突发涉水事件的应急监测机制。

水文处负责编制应急监测预案。

第十九条 漳卫南局水文巡测中心以全局水文技术人员为主体组建应急监测队，从机构、队伍和设备方面做好监测准备。

第二十条 水文处组织、指导直属水文站水文资料的在站整编和初审工作，各测站应严格按水文测验规范存储和保管原始水文资料和整编成果。

第二十一条 水文处应当按照国家规定维护好水文信息数据库。基本水文监测资料应依法公开，其中属于国家秘密的，依照有关规定执行。

第五章 水文情报预报

第二十二条 水文处应及时组织修订、审查、下达测站任务书。漳卫南局所属各报汛单位应当按照报汛任务书的要求，及时、准确地报送水情信息。

第二十三条 各单位水文管理部门应加强对所辖区域内水情、雨情、汛情的监视，发现异常情况，及时处理。

第二十四条 向水利部、海委上报的实时水雨情信息，由水文处组织实施；向其他单位提供水雨情信息的，由水文处会同接受单位协商实施。

第二十五条 加强洪水预报工作，及时修订预报方案，提高预报精度和时效性。继续推进洪水预报日常化。

第二十六条 水文处应加强水文预报结果的审核工作，严格执行相关规定。未经授权，其他任何单位和个人不得发布预报信息。

第六章 附 则

第二十七条 本办法由水文处负责解释。

第二十八条 本办法自公布之日起实施。

漳卫南局关于印发《漳卫南运河管理局技术创新及推广应用优秀成果评审办法》的通知

漳建管〔2014〕31号

局直属各单位、德州水电集团公司、机关各部门：

根据工作需要，我局制定了《漳卫南运河管理局技术创新及推广应用优秀成果评审办法》，并经局长办公会研究通过，现印发给你们，请遵照执行。

水利部海委漳卫南运河管理局

2014年10月30日

漳卫南运河管理局技术创新及推广应用优秀成果评审办法

一 总 则

第一条 为鼓励漳卫南运河管理局（以下简称漳卫南局）系统单位、部门和职工技术创新及推广应用工作，提高技术创新及推广应用数量和质量，规范技术创新及推广应用管理，推进业务工作水平的提高，制定本办法。

第二条 技术创新及推广应用优秀成果评审坚持公开、公平、公正的原则，实行回避和保密制度。

第三条 评审领域：水利规划、水文水资源监测与管理、水环境监测与保护、防汛抗旱、水利工程建设与管理、水利工程施工与维护、水行政执法、水利信息化等。

第四条 参加评审的成果类别：应用于漳卫南局水利事业的技术、材料、工艺创新成果及新技术、新材料、新工艺推广应用成果等。

第五条 评审对象：漳卫南局系统单位、部门和职工。

第六条 漳卫南局技术创新及推广应用优秀成果每年评审一次。

二 评审内容和标准

第七条 参评技术创新及推广应用成果评审内容包括：效益、创新性、推广实用性等三个方面。

1. 效益：节约投资或对单位带来直接、间接经济效益；社会效益改善提高；避免灾害隐患或安全事故发生。

2. 创新性：对漳卫南运河一定区域内原有技术、材料、工艺进行创新或新技术、新材料、新工艺在漳卫南运河一定区域内首次使用。

3. 推广实用性：原有技术、材料、工艺的改进成果或新技术、新材料、新工艺在漳卫南运河一定区域内具有实用性和一定推广价值。

第八条 评审标准：同时具有效益、创新性、推广实用性的成果评定为漳卫南局技术创新及推广应用优秀成果。

三 评审组织

第九条 漳卫南局科学技术进步领导小组和办公室负责技术创新及推广应用优秀成果的申报、评审和奖励的领导和组织工作。

第十条 科学技术进步领导小组负责技术创新及推广应用优秀成果评审制度的制订、修改和评审结果的批准等重大事项的决定。

第十一条 科学技术进步领导小组办公室承担技术创新及推广应用优秀成果评审的日常工作。其主要职责是：

1. 成果申报受理；
2. 申报材料形式审查；
3. 组织成果评审会议；
4. 优秀成果公示和异议处理；
5. 其他相关工作。

第十二条 根据技术创新及推广应用优秀成果申报情况和专业特点，经科学技术进步领导小组批准，成立技术创新及推广应用优秀成果评审委员会。评审委员会主任由总工担任，副主任由副总工担任，成员由漳卫南局各相关专业具有高级职称的专家组成。评审委员会的职责是：

1. 指导优秀成果评审组织工作；
2. 进行优秀成果的评审；
3. 处理评审中遇到的重大问题。

四 申报与评审

第十三条 申报

1. 申报时间为每年 9 月。

2. 申报人为第一完成单位、部门和职工。三级单位中以单位、部门、职工个人为申报人的须经二级主管单位审核；二级单位中以部门、职工个人为申报人的由二级单位审核，以单位为申报人的直接申报；局机关中以个人为申报人的，须由所在部门审核，以部门为申报人的直接申报。

3. 申报的有关要求

（1）必须在成果实施完成后方可申报。

（2）曾申报未通过评审的，不得再次申报。

（3）已获国家发明专利、厅局（地市）级及其以上进步奖的，不申报。

（4）凡对成果所有权或主要完成人、主要完成部门、主要完成单位存在争议的，在争议未解决前不得申报。

（5）具有保密要求的，在保密期内不得申报。

4. 申报需提交的材料

（1）《漳卫南运河管理局技术创新及推广应用优秀成果申报书》；

（2）单位出具的成果应用（引用）及效益证明；

（3）其他相关材料。

第十四条 评审

1. 评审时间为每年 10 月。

2. 科学技术进步领导小组办公室对申报成果进行形式审查。

3. 评审委员会全体成员对通过形式审查的成果的效益、创新性、推广实用性进行无记名投票。

4. 评审委员会对效益、创新性、推广实用性通过票均超过 70%（含 70%）的成果进行讨论，必要时对申报人进行咨询，查看成果应用现场，评审委员会主任综合大家意见后做出评审意见，签署《漳卫南运河管理局技术创新及推广应用优秀成果评审意见书》。

5. 拟通过评审成果建议经科学技术进步领导小组审定后，报局长办公会批准后进行公示。

6. 成果公示期 10 天。在公示期内，任何单位和个人均可对拟通过评审成果和主要完成部门、单位及主要完成人及排序等提出异议。

7. 公示期过后，对无异议或异议已做处理的成果，颁发《漳卫南运河管理局技术创新及推广应用优秀成果证书》。

五 附 则

第十五条 一经发现技术创新及推广应用成果有弄虚作假或剽窃他人以及其他重大问题者，取消该项成果优秀资格。

对于弄虚作假、抄袭和剽窃他人成果或采取其他不正当手段获得优秀成果的，经发现，收回《漳卫南运河管理局技术创新及推广应用优秀成果证书》，并通知其所在单位给予批评教育或行政处分，其法律责任由申报人自负。

第十六条 本办法由漳卫南局科学技术进步领导小组办公室负责解释。

第十七条 本办法自印发之日起施行。

附件：漳卫南运河管理局技术创新及推广应用优秀成果申报书（略）

附录 2. 国内新闻媒体关于我局相关报道

春风化雨润人心

——漳卫南运河管理局开展水情教育工作纪实

漳卫南运河管理局（以下简称漳卫南局）历来重视水情教育工作，结合区域特点和工作实际，通过开展各种卓有成效的活动，让职工掌握水情，让沿河百姓了解水情，让娃娃明白水情，在潜移默化中将水情教育落到漳卫南运河沿岸的每一个角落。

让职工掌握水情

2011 年以来，漳卫南局连续三年组织青年职工相继对卫运河、漳卫新河、南运河进行考察，了解沿途水利工程、河道水质、水生态保护及社会经济和风土人情；岳城水库管理局先后组织青年职工考察了漳河上游生态环境和水库供水区东部生态水网；水闸管理局袁桥闸管理所组织对漳卫新河堤防、吴桥拦河蓄水闸进行了考察；德州河务局更是组织青年职工历时一个多月，沿漳卫新河山东一岸徒步进行了考察。骑行考察的“潮流”，让青年职工走出办公室，近距离接触了河道、堤防、水库、枢纽和水闸，熟悉了沿河水情，同时也宣传了珍惜、保护水资源的理念。3 年来，累计超过 1500 余 km 的骑行，让青年职工不仅深深地爱上漳卫南运河，更将保护河流、维护生态的理念扎根于漳卫南运河两岸。

此外，漳卫南局充分利用新录（聘）人员岗前培训、基层领导干部能力提升培训等机会，邀请水文化专家和熟悉漳卫南运河工情、水情的领导进行授课。四女寺枢纽工程管理局组织干部职工走出办公室、走进工程现场，实地了解水闸的工程结构和相关功能，现场演练启闭机开闭闸门过程，学习水利工程基本知识。同时，利用全球环境基金（GEF）赠款建设了漳卫南运河子流域知识管理（KM）系统，供职工学习掌握漳卫南运河流域水资源和水环境信息，提高水资源与水环境综合管理水平。

让百姓了解水情

漳卫南局所辖河道干流总长 814km，堤防长 1536km，沿河涉及水库、枢纽、水闸等较多水利工程。在做好水利工程维修养护的同时，漳卫南局积极利用工程碑刻标识，向沿河村民普及水利知识，宣传爱护、保护水利工程的相关法规。堤防外、水库边、闸所旁随处可见的“保护堤防，爱护河道”“保护水环境、珍惜水资源”“爱惜水利工程，保护防洪设施”等宣传标语以及近年来新增加的法律法规标识和水功能区标识，让漳卫南局所辖水利工程俨然成为普及水利相关知识的生动课堂。

每年的世界水日、中国水周期间，漳卫南局都组织水行政执法人员深入沿河村镇，以设置水法宣传咨询站、流动广播宣传、现场讲解等形式，向沿河群众广泛发放宣传资料，宣传水法规，倡导节约用水，保护水资源。罗寨闸管理所和穿卫闸管理所还通过聘请沿河村委会干部担任水法义务宣传员、召开水法宣传座谈会等形式，在沿河百姓日常生活中普及水法规知识。

此外，漳卫南局还积极开展水文化节点建设，通过选取河道、堤防的重要节点并利用水库、枢纽、水闸等工程，对水利工程的基本情况、相关水利知识及与水有关古迹进行介绍。如南运河右岸一个较为突出的弯道旁，就立了“三弯抵一闸”石碑，介绍运河弯道的原理：利用自然地形与人工做弯使河道形成连续弯道，起到减缓运河流速的作用。袁桥闸管所利用闸区特点，专门建设了水文化广场，其中利用挡水墙而建的治水名人墙，图文并茂地展示了大禹、孙叔敖、西门豹、李冰等十二位治水名人的事迹，让人们在这里驻足休闲的同时，也接受了水文化的熏陶。

让孩子明白水情

“同学们，你们知道什么是生命之源吗？”“你们知道地下漏斗吗？”……2013 年，世界水日、中国水周期间，漳卫南局、德州河务局、东光河务局、王营盘闸管理所和吴桥闸管理所积极开展“爱水节水，从我做起”活动，分别走进德州市解放南路小学、沧州市东光县王营盘中心小学和沧州市吴桥县铁城镇小学，为他们送上了一堂生动的水资源知识专题课。

课堂上，漳卫南局工作人员现场讲解了水资源的基本概念和知识，介绍了我国当前的水资源形势，并将 150 本《水资源水法规知识学生读本》和 1000 余份水资源学习资料发放到他们手中。活动结束后，同学们将工作人员团团围住，询问自己不明白的水资源相关知识，工作人员一一耐心地作了解答。孩子们表示，一定拧紧水龙头，绝不浪费一滴水。

德州市九龙湾公园，原为德州市第一水厂，是德州最早的水源地。水厂废弃后，厂内的自来水生产设施完整地保留了下来。2010 年，漳卫南局与地方政府合作开发的九龙公园湾建成对外开放。借助保存完好的自来水生产设备，还原了自来水的生产工艺，完整再现了预沉—反应—沉淀—过滤的加工过程，让人们直观地了解了自来水的生产流程，成为当地中小学生了解、认识自来水生产流程的重要课堂。

漳卫南局水情教育活动的开展，潜移默化地提升了干部职工的能力和素质，唤起了沿河百姓爱水、护水的意识，也让校园的孩子们更懂得惜水、节水。

（《中国水利报》第 3461 期　郭恒茂）

清障打通行洪河道“肠梗阻”

7 月 11 日，河北省魏县境内的漳河主河槽内，一棵棵树木在电锯声和斧头声中轰然倒下，原本被树木侵占的河道由此变得敞亮起来。针对河道被肆意侵占、行洪能力降低等突出问题，海委漳卫南运河魏县、临西河务局借势、借力，积极开展河道清障，切除河道“肠梗阻”，打通行洪通道，保证河道通畅。

今年 3 月，水利部印发《关于开展深化河湖专项执法检查活动的通知》，要求进一步巩固 2013 年河湖专项执法活动成效，并推动工作向纵深开展。漳卫南局继续将清除河道阻水障碍作为工作重点，加强与地方政府、防指的协调沟通，集中时间，集中精力，集中行动清除各类阻水障碍物，恢复河道行洪能力。漳卫南局基层单位在 2013 年清障成果的基础上，积极与当地政府沟通协调，将河道树障作为清障重点，共同采取行动，有计划有步骤地进行清除。

今年汛前检查阶段，临西河务局就卫运河临西段河道清障工作向临西县防指作了专题汇报，得到了县防指指挥长、县长李亚林的高度重视。随后，临西县政府召开清障专题会议，成立了由分管水利的副县长为组长、沿河乡镇主要负责人为成员的清障工作领导小组，安排沿河 4 个乡镇及 30 个沿河村庄主要负责人进行落实，县公安局和临西河务局全力配合，县督查室负责对每天清障进度进行监督检查。清障工作小组要求种植户限期 3～5 天内自行清理，在限期内未清理的，县政府根据防洪法强行清除，所需费用由设障者承担。在清障工作遇阻时，李亚林还来到清障现场，确保了清障工作的快速推进。目前，卫运河左岸树障已基本清除。

魏县河务局在同样得到地方政府大力支持的同时，还注重宣传动员。该局发布清障通知、张贴公告，并在沿河进行广播宣传，对阻力较大的“钉子户”入户进行说服教育，在清障问题上不讲情面，从上游到下游“一把尺子量到底”，彻底打消了其他种植户“再等等”“再看看”的侥幸心理。

为摸清河道树障的范围和数量，魏县河务局利用高清卫星地图软件，对河道树障地点、规模和已清理、未清理数量进行实时标注，从宏观上“俯视”河道，大大提高了工作效率。此外，在清障实施阶段，充分考虑种植户利益，尽量让种植户先联系买家后自行清除树障，不至于被强行清理后被迫低价出售。截至目前，该局在地方政府的大力支持下，累计清理树障 30 余万棵。

打通行洪通道不易，保持行洪通道畅通更不易。清障行动之后，如何防止“复发”“反弹”才是关键。“做好沿河群众的宣传教育和思想引导工作，让群众明白，给洪水以出路，才能给人以生路。与水争地的短期得利行为，一旦遭遇大洪水必将付出更为沉重的生命、财产代价。”漳卫南局水政水资源处副处长李孟东说道。

临西县为保证清障效果持续稳定，县防指、乡镇负责人、村庄负责人层层签订责任状，一级抓一级，层层抓落实。在哪个环节、哪一层出的问题，以零容忍的态度严厉追究哪一级。魏县防指则要求，水行政主管部门要加强巡查，发现问题，立即处理，把问题解决在萌芽状态。只有防微杜渐，才能实现有效禁障，保证行洪通道畅通。

（《中国水利报》第 3521 期　郭恒茂）

有志而来　有为而归

——全国对口支援西藏先进个人赵宏儒小记

在 8 月 25 日北京人民大会堂召开的对口支援西藏工作 20 周年电视电话会议上，来自水利部海委漳卫南运河邯郸河务局的赵宏儒受到表彰，荣获全国对口支援西藏先进个人称号。

赵宏儒是水利部海委漳卫南运河管理局的一名副处级干部。2010 年 7 月，他作为中组部第六批、水利部第十三批援藏干部来到西藏，任西藏自治区水利厅建管处副处长兼西藏旁多水利枢纽管理局副局长。旁多工程现场地处偏远，海拔 4100m，气温低，风沙大，地质条件复杂，工程技术难度大。他在工地一待就是一两个月，脸上皮肤脱了一层又一层。

赵宏儒对旁多工程质量管理倾注了大量心血，奇寒的雨雪天和冬夜，他仍坚持带领工程技术人员对工地上各项技术指标进行抽查。截至他离开工地，已建成的单元工程质量全部合格，优良率达89%。

2012年，赵宏儒组织参建各单位对导流洞出口进行改造，组建防汛值班室，制定防汛值班和汛情巡查制度，在洪峰来临时，他带领值班人员坚守一线，24小时看护导流明渠，及时发现两次坍塌险情并组织抢险，保证了2012年960m^3每秒最大洪峰顺利通过，安全度过旁多工程截流后的第一个汛期。

赵宏儒还组织完成了旁多水利枢纽工程截流阶段建设征地和移民安置专项验收，完成了旁多工程截流设计的审查、截流验收、度汛方案等报批工作，为旁多工程2011年10月截流，2013年11月蓄水、12月首台机组发电奠定了坚实基础。

赵宏儒从组织召开全自治区安全生产专题会议、起草安全生产目标责任书和全自治区安全生产工作要点入手，带领相关部门对下属各单位进行安全生产大检查，组织全区水利行业开展安全生产月活动。2010年和2011年，西藏水利厅安全生产工作，连续两年在自治区安全生产目标考核中名列前茅，荣获自治区安全生产工作先进单位的荣誉称号。

在西藏，赵宏儒尤其注重搞好民族团结，在为基层、为群众服务中，充分展示了他的热情与周到。一次，墨脱县水利局一位同志来报审甘登水电站工程的招标方案，但报审材料格式和内容不符合要求。赵宏儒得知该同志需要步行4天从墨脱县走出来，再辗转林芝来到拉萨的情况后，马上帮助他全面修改上报材料，使工程招标方案顺利通过审批。

援藏3年中，赵宏儒不顾自己特别强烈的高原反应，坚持工作，践行了“有志而来，有为而归”的庄严承诺，为开创西藏水利事业新局面作出了自己的贡献。

（《中国水利报》第3532期　朱进星　唐瑾）

海委漳卫南运河故城河务局建立垃圾处理机制加强堤防管理

近期，海委漳卫南运河故城河务局所辖堤防沿河村庄20余个垃圾池正式投入使用，杜绝沿河百姓在堤防管理范围内乱倒垃圾现象的发生。

故城河务局所辖75km堤防有64个村，建国、郑口、故城等乡镇紧邻大堤。近年来，沿河村民随意在堤防管理范围内乱倒垃圾现象时有发生，屡禁不止，垃圾围河现象日益突出，严重污染了堤防环境，影响了堤防面貌，破坏了正常的堤防管理秩序。

河务局多方努力，加强管理。一方面在做好日常维修养护工作的同时，加大堤防巡查力度，及时发现和制止乱倒垃圾行为。另一方面借助地方城市管理和新农村建设的有利契机，与当地环保部门、城管部门和沿河乡政府、村委会进行沟通协调，建立了垃圾处理机制。在沿河村庄合适位置修建垃圾池，对垃圾进行定点存放，城镇设置垃圾临时转运站，定期集中清理，较好地解决了堤防乱倒垃圾问题。

（《中国水利报》第3562期　王丽　谢金祥）

打通运河命脉　重现运河风采

——漳卫南运河滑县、浚县河务局大运河治理侧记

一位学者曾经说过："长城与大运河，是中国文化在中华大地上刻画的两条有形的线。如果说长城是一座抵御外部威慑的屏障，那么大运河就是一条沟通内部经络的命脉。"

大运河滑县段、浚县段是海河流域漳卫南运河水系卫河的一部分，也是中国大运河永济渠段保存完好、内涵丰富的河段之一。昔日，运河汤汤，卫汉水路上达百泉、下抵天津，水中帆樯林立、四时畅行，一幅"云溪燕语卫水舟"的水墨画卷。而今，由于长期没有得到有效治理，加之开发管理不善，大运河滑县段、浚县段淤泥深厚、河道变窄、水路不畅，违法建筑、生活垃圾、丛生杂草占据运河两岸，导致古运河生态环境日益恶化，大运河变成了"臭水沟"，成为堵塞运河命脉的结节。

2011 年 5 月，大运河滑县段、浚县段被列入"大运河申遗"遴选点。作为大运河滑县段、浚县段河道管理单位——漳卫南运河滑县河务局和浚县河务局积极履行"河流代言人"职责，排除重重困难，积极开展了大运河滑县段、浚县段整治工作，打通了运河命脉，重现古运河风采。

运河保护　规划先行

为了科学保护和合理利用大运河，滑县局、浚县局坚持"运河保护、规划先行"的理念，邀请专家学者对运河进行科学论证，认真编制运河保护规划，并作为地方政府申遗指挥部成员单位参与编制、审查了大运河申遗规划和实施方案。

申遗工作启动以来，浚县河务局会同相关单位对大运河浚县段进行了勘测和地形图绘制，拍摄了卫河河道俯瞰图片和影像，编辑审查了《卫河（永济渠）主线浚县段环境保护整治设计方案》等，为推进申遗工作提供了科学依据。

依法行政　加强监管

申遗工作时间紧、任务重、涉及面广，与卫河河道管理工作息息相关。浚县河务局在做好地方参谋、服务地方经济社会发展的同时，坚持依法行政，做好涉河建设项目监督管理，为扎实推进申遗工作提供了有效的法律支撑和技术支持。

为了配合浚县政府做好申遗工作，浚县河务局职工长期坚守在工作一线，对涉及河道清淤疏浚、码头建设、橡胶坝建设和堤防绿化管理等方面的工作进行监督指导，遇到违反河道管理规定的行为，第一时间向地方政府汇报情况，耐心细致地做好法律法规的解释工作，取得地方政府的理解与支持。

保护好文物、治理好河道，是大运河整治最核心的任务。2011 年 10 月，滑县人民政府出台了《滑县大运河遗产保护规划（2011—2030)》（征求意见稿）。在古城墙保护措施中，要求拆除为加强河道安全而修砌的浆砌石挡土墙，恢复明清时期的青砖老城墙，长度达 1130m，此举将严重影响河道防洪安全。滑县河务局发现情况后，立即与滑县申遗指挥部进行沟通，并提出了实施方案必须保证防洪安全、必须取得相应施工许可后方可施工，以及大运河管理单位主体不变的意见。同时，在河南省文物局召开的大运河遗产保护规划评审会上，也提出了相应意见，得到了与会专家的理解与支持，最终将拆除浆砌石挡

土墙改为局部修缮古城墙。这样，大运河滑县段右岸城墙由明清时期的古城墙和维修加固后的新城墙组成，既满足了整治要求，又满足了防洪要求，同时还印证了大运河是一条活着的历史之河，演绎了大运河的历史变迁。

顺势而为　倾心治河

大运河申遗，为改善滑县段河道面貌带来了难得的机遇。大运河申遗涉及河道范围内河道环境整治、城墙维修保护、沿岸房屋拆迁改造、沿河地上地下管网综合改造、污水治理和堤顶道路的硬化、绿化、亮化等工作。

大运河滑县段河道长 8.5km，两岸堤防长 13.12km，申遗范围主要是流经滑县县城的卫河河道及右岸城区段堤防。该段堤防未经治理，河道内树障较多，特别是河道垃圾多年未经清理，堆积严重。

申遗之初，滑县河务局根据防洪法要求，提出了“清理河道垃圾，改善河道面貌，建立卫河沿岸卫生保洁长效机制”的建议，要求按照“谁设障、谁清障”原则，落实责任单位，完成清障任务；同时，进一步明确了“当前申遗工作的首要任务是清除阻水障碍及违章建筑”的工作思路。

期间，滑县河务局配合沿岸镇政府对卫河河道内的 1.3 万 m^3 垃圾进行了清除，清除树木 1000 余棵，有效改善了河道面貌。同时，对城墙、码头等文物本体进行了维修，对沿岸排水管网进行了改造，对向河内排污的排污口进行了封堵。

大运河浚县段城区护城河河道清淤工程，是大运河浚县段环境整治的重要工程。浚县河务局配合地方政府大力整治运河河道，挖运土方 14.9 万 m^3，疏浚河道 2325m，清理了河床内多年形成的垃圾和淤积物，修整了河坡，恢复了行船纤道。曾经污水横流的隋唐大运河河道经过清淤疏浚后，终于恢复至清代河床，水面宽度达 20m，达到了游船通行要求。

做好代言　致力护水

2014 年 5 月 14 日一大早，浚县河务局职工就在云溪桥附近挂起了“保护大运河，志愿助申遗”的宣传标语，大家一边捡拾运河两岸垃圾，一边向过往群众发放传单，向大家宣传大运河的历史文化和运河申遗的重大意义。这样的志愿宣传活动在浚县河务局已经成为常态化。“我们是河流代言人，就应该担负起护河护水的重任，要让大家知道水对人类的重要性，提高大家的环保理念和护水意识，让大家喜水、爱水、亲水、护水。”志愿者们自豪地说。

为了让社会各界更多地了解大运河，更加重视大运河，申遗以来，浚县河务局配合地方政府拍摄了大运河专题宣传片《走进卫河》，利用电视台、互联网等媒介，向大家介绍大运河卫河段的历史与现状；制作了宣传展板；编制了《流动的历史——大运河浚县段》宣传画册；在文化遗产日当天开展了大运河保护与申遗专题宣传活动，通过开展形式多样的活动，形成了人人关心、人人爱护、共同参与大运河保护的良好氛围。

滑县河务局紧紧围绕“世界水日”“中国水周”和“六五”普法宣传教育活动，在申遗重要时间节点，广泛深入开展了《水法》《防洪法》《河道管理条例》等法律法规的宣传活动，提高了沿河群众的遵法守法意识，为积极推进大运河保护和申遗工作提供了坚实的法律保障。

经过两年的不懈努力，大运河滑县段、浚县段成功完成了申遗治理。全长近 11km 的风光带，处处花红柳绿，步步运河美景，临水栈道、亲水平台、凉亭楼阁、园林小品，古运河、古城墙、古石桥、古渡口，还有那棵站立在河边上的百年古槐都显露出迷人的风姿。现在的大运河滑县段、浚县段，已经成为一条集防洪排涝、环境保护、景观休闲和历史传承于一体的文化运河。

运河命脉已经打通，健康运河呈现眼前。大运河已经以一种崭新的姿态再次进入我们的视野，我们有理由相信，大运河将日益散发出新的价值和魅力。

（《中国水利报》第 3565 期　王丽　张洪泉　张卫敏）

我的挂职故事

初　识

早上还在北京的街道上穿行，现在已经踏上拉萨的土地。第一次进藏，一下飞机，刺眼的阳光和湛蓝的天空给了我强烈的冲击，感觉有点头晕，走路脚下软绵绵的，像是踩在棉花上一样，心里不免有一丝惴惴不安。走出机场，自治区组织部的领导为我们戴上洁白的哈达，看到道路两边敲锣打鼓、载歌载舞的欢迎人群，我的心情平复了许多，有这么多人的支持，我的援藏之路一定能走好。

艰　苦

和自治区水利厅防办的同事一块到山南地区浪卡子县的工布学水库检查工程建设情况，让我体验了西藏的山路难行：刚开始是柏油路，但拐入布满水坑的砂土路之后，就是没有路的河滩、草甸，还要翻过一座海拔 5000 多米的大山。9 月中旬，山下还是青草茵茵，但山上已是白雪皑皑，只有一条简易的土石路，路窄、坡陡、弯急，甚至越野车在转弯的时候得先倒一把车才能转过去。一边是高耸的山坡，一边是万丈深渊，再加上雪地湿滑，真是惊心动魄。但我的藏族同事却说这在西藏很正常，看来考验才刚刚开始。

惊　险

为了保证当地农牧民元旦、春节、藏历新年三大节日的用电，我们到藏北高原对那曲地区雄梅水电站、尼玛水电站的投入使用进行验收。这两座电站所在地都是海拔 4700m 以上，当时正值隆冬季节，许多路段的路面早已结冰，一路上经历了车辆侧翻、在路面上 360 度打转掉入路沟等惊险状况后，我们才到达工地。

当地气温已达零下 20 多度，我们的住宿地没有任何取暖设备，司机被冻感冒了，再加上长途驾驶的疲劳，在返程途中出现了严重的高原反应。当车行驶到班嘎县城时，司机开着车就发生了昏迷。情况危急！当时我坐在副驾驶座上，一边给司机嘴里塞了两颗丹参滴丸，一边大声喊停车，司机用最后的力气踩住刹车，终于把车停了下来，而前方不远处就有两个小孩在玩耍。当车子平稳停下的那一刻，我长出了一口气，手心早已沁出了汗珠。

难　受

西藏号称“世界屋脊”，平均海拔 4000m，空气稀薄，高寒缺氧，年平均含氧量为内地的三分之二。听说很多内地人来西藏会出现高原反应，刚来的时候我并没有特别感受到。今年春节我回老家过年，再次进藏，才真正感受了高原反应的厉害。因为这时候拉萨的气候条件最差，干燥、风沙大，氧气含量最低，只有内地的二分之一，所以我这次的高原反应也特别强烈：头痛，耳鸣，心慌，全身肌肉痛，每分钟脉搏次数100以上，“咚咚咚”强烈的心跳声，仿佛心脏都要跳出胸膛似的。虽然多次吸氧，但症状却没有缓解，全身难受，真是领教了高原反应的厉害。

履　新

参加援藏工作一年多，我被派去到旁多水利枢纽管理局上班，心里有一些期待，也有点彷徨。旁多水利枢纽工程是西藏迄今为止规模最大的水利枢纽工程，被誉为“西藏三峡”，水利厅领导让我主管工程质量和安全生产。工程位于林周县旁多乡，地处偏远，来去都要翻越海拔4800多米的恰拉山。而且，建设工地的海拔有4100多米，气温低，风沙大，地质条件复杂，工程技术难度大，与海拔3600多米的拉萨真是不能比呀。但我来参加援藏工作就是要听从组织安排，到最需要的地方去，越是艰苦越能锻炼自己，不是吗？

感　动

今天我们要对距离工地几公里之外的炸药库进行安全生产检查。经过上交手机等安全检查后，我们进入了炸药库的院子，看着武警战士在这孤立于群山中的空旷院子守护，不由地深深敬佩，藏区的大山中本来就人烟稀少，这里更是与世隔绝。在西藏工作艰苦条件并不可怕，最难受的是孤独和寂寞。每当在工地工作一个月后回到拉萨，看到街上的人流，我就有种莫名的激动，而这些常年驻守的战士需要多大的忍耐力与毅力，才能克服孤独与寂寞啊！看到他们时，同样想起我们在偏远地区施工的水利人，深深的敬意油然而生。

难　舍

今天是我离开旁多的日子。一大早，旺扎局长就带着旁多局的干部职工在局门口为我送行，一人一条哈达，一人一句扎西德勒，我的眼里湿润起来。满肩的哈达，满碗的送行酒，满眼熟悉的脸庞，这都是我与旁多人、旁多工程一年半的感情呀。坐上回拉萨的车，回头望望我曾日夜值守的工地、无数次翻越的恰拉山，还有那长流不息的拉萨河，今生也许不再相见。心头不禁想起西藏诗人根墩群培“几番别离几相聚，拉萨河清入梦来”的诗句，愿这清清的拉萨河水，带着与我共度三年援藏生涯的兄弟姐妹们的情谊，能多几次流入我的梦乡吧！

（《中国水利报》第3564期　赵宏儒）